本书由"中央高校基本科研业务费专项基金"项目（2572017EA06）资助

丛 书 主 编：马克平 刘 冰

丛 书 编 委 （按姓氏拼音排序，标*为常务编委）：

　　　　　　陈 彬* 段士民 方 腾 冯虎元

　　　　　　何祖霞 林秦文 刘 博* 宋 鼎

　　　　　　吴玉虎 肖 翠* 徐远杰 严岳鸿

　　　　　　尹林克 于胜祥 张凤秋 张金龙

　　　　　　张 力 张淑梅 赵利清 郑宝江

　　　　　　周 繇

本 册 主 编：郑宝江

本册副主编：王洪峰 陶 雷 焉志远

审 图 号：GS京（2022）0560号

FIELD GUIDE TO
WILD PLANTS OF CHINA

# 中国常见植物
# 野外识别手册

Greater Khingan Range
## 大兴安岭册

商务印书馆
The Commercial Press
创于1897

**图书在版编目(CIP)数据**

中国常见植物野外识别手册.大兴安岭册/马克平,刘冰丛书主编;郑宝江本册主编.—北京:商务印书馆,2023
ISBN 978-7-100-21130-7

Ⅰ.①中… Ⅱ.①马…②刘…③郑… Ⅲ.①植物—识别—中国—手册②植物—识别—大兴安岭地区—手册 Ⅳ.①Q949-62

中国版本图书馆 CIP 数据核字(2022)第 076362 号

**中国常见植物野外识别手册**
**大兴安岭册**

马克平 刘冰 丛书主编

郑宝江 本册主编

商　务　印　书　馆　出　版
(北京王府井大街 36 号　邮政编码 100710)
商　务　印　书　馆　发　行
北京新华印刷有限公司印刷
ISBN 978-7-100-21130-7
审 图 号:GS京(2022)0560号

2023 年 4 月第 1 版　　　　开本 787×1092　1/32
2023 年 4 月北京第 1 次印刷　　印张 12⅛
定价:88.00 元

# 序 Foreword

　　历经四代人之不懈努力，浸汇三百余位学者毕生心血，述及植物三万余种，卷及126册的巨著《中国植物志》已落笔完工。然当今已不是"腹中贮书一万卷，不肯低头在草莽"的时代，如何将中国植物学的知识普及芸芸众生，如何用中国植物学知识造福社会民众，如何保护当前环境中岌岌可危的濒危物种，将是后《中国植物志》时代的一项伟大工程。念及国人每每旅及欧美，常携一图文并茂的*Field Guide*（《野外工作手册》），甚是方便；而国人及外宾畅游华夏，却只能搬一块大部头的*Flora*（《植物志》），实乃吾辈之遗憾。由中国科学院植物研究所马克平所长主持编撰的这套《中国常见植物野外识别手册》丛书的问世，当是填补空白之举，令人眼前一亮，颇觉欢喜，欣然为序。

　　丛书的作者主要是全国各地中青年植物分类学骨干，既受过系统的专业训练，又熟悉当下的新技术和时尚。由他们编写的植物识别手册已兼具严谨和活泼的特色，再经过植物分类学专家的审订，益添其精准之长。这套丛书可与《中国植物志》《中国高等植物图鉴》《中国高等植物》等学术专著相得益彰，满足普通植物学爱好者及植物学研究专家不同层次的需求。更可喜的是，这种老中青三代植物学家精诚合作的工作方式，亦让我辈看到了中国植物学发展新的希望。

　　"一花独放不是春，百花齐放春满园。"相信本系列丛书的出版，定能唤起更多的植物分类学工作者对科学传播、环保宣传事业的关注；能够指导民众遍地识花，感受植物世界之魅力独具。

　　谨此为序，祝其有成。

王文采

2009年3月31日

# 前言 Preface

　　自然界丰富多彩，充满神奇。植物如同一个个可爱的精灵，遍布世界的各个角落：或在茫茫的戈壁滩上，或在漫漫的海岸线边，或在高高的山峰，或在深深的峡谷，或形成广袤的草地，或构筑茂密的丛林。这些精灵一天到晚忙碌着，成全了世界的五彩缤纷，也为人类制造赖以生存的氧气并满足人们衣食住行中林林总总的需求。中国是世界上植物种类最多的国家之一。全世界已知的30多万种高等植物中，中国拥有十分之一的物种。当前，随着人类经济社会的发展，人与环境的矛盾日益突出：一方面，人类社会在不断地向植物世界索要更多的资源并破坏其栖息环境，致使许多植物濒临灭绝；另一方面，又希望植物资源能可持续地长久利用，有更多的森林和绿地为人类提供良好的居住环境和新鲜的空气。

　　如何让更多的人认识、了解和分享植物世界的妙趣，从而激发他们合理利用和有效保护植物的热情？近年来，在科技部和中国科学院的支持下，我们组织全国20多家标本馆建设了中国数字植物标本馆（Chinese Virtual Herbarium，CVH）、中国自然植物标本馆（Chinese Field Herbarium，CFH）等植物信息共享平台，收集整理了包括超过1000万张植物彩色照片和近20套植物志书的数字化植物资料并实现了网络共享。这些平台虽然给植物学研究者和爱好者提供了方便，却无法顾及野外考察、实习和旅游的便利性和实用性，可谓美中不足。这次我们邀请全国各地的植物分类学专家，特别是青年学者，编撰一套常见植物野外识别手册的口袋书，每册包括具有区系代表性的地区、生境或类群中的500～700种常见植物，是这方面的一次尝试。

　　记得1994年我第一次去美国时见到*Peterson Field Guide*（《野外工作手册》），立刻被这种小巧玲珑且图文并茂的形式所吸引。近年来，一直想组织编写一套适于植物分类爱好者、初学者的口袋书。《中国植物志》等志书专业性非常强，《中国高等植物图鉴》等虽然有大量的图版，但仍然很专业。而且这些专业书籍都是多卷册的大部头，不适于非专业人士使用。有鉴于此，我们力求做一套专业性的科普丛书。专业性主要体现在丛书的文字、内容、照片的科学性，要求作者是专业人员，且内容经过权威性专家审定；普及性即考虑到爱好者的接受能力，注意文字内容的通俗性，以精彩的照片"图说"为主。由此，丛书的编排方式摒弃了传统的学院式排列及检索方式，采用人们易于接受的形式，诸如：按照植物的生活型、叶形叶序、花色等植物性状进行分类；在选择地区或生境类型时，除考虑区系代表性外，还特别重视游人多的自然景点或学生野外实习基地。植物收录范围主要包括某一地区或生境常见、重要或有特色的野生植物种类。植物中文名主要参考《中国植物志》；拉丁学名以"中国生物物种名录"（http://www.sp2000.org.cn/）为主要依据；英文名主要参考美国农业部网站（http://www.usda.gov）和《新编拉汉英种子植物名称》。同时，为了方便外国朋友学习中文名称的发音，特别标注了汉语拼音。

本丛书自2007年初开始筹划，2009年和2013年在高等教育出版社出版了山东册和古田山册，受到读者的好评。2013年9月与商务印书馆教科文中心主任刘雁争协商，达成共识，决定改由商务印书馆出版。感谢商务印书馆的大力支持和耐心细致的工作。特别感谢王文采院士欣然作序热情推荐本丛书；感谢第一届编委会专家对于丛书整体框架的把握。为了适应新的编写任务要求，组建了新的编委会，尽量邀请有志于科学普及工作的第一线植物分类学者进入编委会，为本丛书做出重要贡献的刘冰副研究员作为共同主编。感谢各分册作者辛苦的野外考察和通宵达旦的案头工作；感谢刘冰、肖翠、刘博、严岳鸿、陈彬、刘夙、李敏和孙英宝等诸位年轻朋友的热情和奉献。同时也非常感谢科技部平台项目的资助；感谢普兰塔论坛（http://www.planta.cn）的"塔友"为本书的编写提出宝贵意见，感谢读者通过亚马逊（http://www.amazon.cn）和豆瓣读书（http://book.douban.com）等对本书的充分肯定和改进建议。

尽管因时间仓促，疏漏之处在所难免，但我们还是衷心希望本丛书的出版能够推动中国植物科学的普及，让人们能够更好地认识、利用和保护祖国大地上的一草一木。

**马克平** 于北京香山
2022年8月31日

# 本册简介 Introduction to this book

"高高的兴安岭一片大森林，森林里住着勇敢的鄂伦春……"，听到这首脍炙人口的鄂伦春民歌，人们常常对神秘的大兴安岭充满无尽的向往与遐想。近年来，随着生态旅游热的不断升温，越来越多的人来到大兴安岭进行旅游观光和生态考察。不论是旅游者还是生物学工作者，在沉醉于大兴安岭优美的自然风光同时，往往对身边触手可及的野生植物产生浓厚的兴趣。本书介绍了大兴安岭地区维管植物504个分类群（包括种、亚种、变种），约占大兴安岭地区植物总数的一多半，常见的野生种类在书中均能找到。

大兴安岭地区位于我国东北地区的西北部，在北纬46°45′～53°34′、东经119°15′～127°25′之间，即北以黑龙江为界，西以额尔古纳河为界，南至阿尔山，东部与松嫩草地相连。大兴安岭整个山区呈北北东一南南西走向，整个大兴安岭的东、西坡有显著的差异，东坡陡峻，西坡平缓，形成不对称现象。其原因是经过长期的地质变化，形成不对称的基础，加以东坡迎风，夏季降雨较多，流水侵蚀较西坡严重，同时，加以冰川作用，综合形成大兴安岭东、西坡的差异。区内地形以低山为主，中山较少，且自北向南逐渐增高。本区山体主要由火成岩组成，在北部、中部也常见花岗岩，南部常见石英斑岩及流纹岩，河谷地则一般为玄武岩。本区地貌呈老年特征，山势并不高，一般海拔500～1100米，最高峰为大白山，海拔为1529米。河谷宽阔，山势和缓，山顶浑圆而分散孤立，多是丘陵状台地，几无山峦重叠现象，亦无终年积雪山峰，从而缺乏形成特殊小气候的条件，大大减弱了植物组成的复杂性。

本区是我国最寒冷地区，年平均温度在0℃以下，气候具显著大陆性，全年降水量为360～500毫米，多集中于夏季，形成了有利于植物生长的气候条件。据统计，有野生维管植物1000种左右，其区系成分，除了广布种以外，东西伯利亚成分占据明显优势，如兴安落叶松、樟子松、白桦、越橘（北方红豆）、笃斯越橘（蓝莓）、东亚岩高兰和杜香等。地带性的植被类型是以兴安落叶松为主组成的明亮针叶林，属欧亚大陆北部针叶林区的最南端，是东西伯利亚明亮针叶林植物亚区的一部分，其群落结构简单，林下草本植物

底图制作：单章建

不发达，灌木层以兴安杜鹃为主，其次为杜香、越橘等，乔木层中有时混生有樟子松，有时在向阳山坡形成小面积的樟子松林。在山地中部还有广泛分布的沼泽植物，其上生长有

5

柴桦、小叶杜鹃，下层为薹草等草本植物。在本区地势较低的东南部，海拔450～600米以下的山麓部分，深受毗邻的温带针阔叶混交林的影响，在以兴安落叶松为优势的林内常混生一些温带阔叶树种，其中以耐旱的蒙古栎为主，其次为黑桦、山杨和紫椴等，这些阔叶树种数量不多，生长不良，构成第二次林冠；林下灌木和草本植物十分丰富，主要种类有胡枝子、榛子、苍术等。在山地上部兴安落叶松的生长显著衰退，林内混生有少量的花楸、岳桦以及红皮云杉的更新幼苗；林下藓类十分发育，盖度可达90%以上，从而在外貌和组成上多少具有阴暗针叶林的一些特征。山顶是以偃松所组成的矮曲林为主，偃松多平卧地面，匍匐生长，主干常达5～10米。在河岸有甜杨、钻天柳等。此外，还有一定面积的沼泽和草甸植被。

本区包括黑龙江省漠河、塔河、呼玛、讷河、嫩江、黑河、孙吴、五大连池8县（市），内蒙古自治区额尔古纳、根河、陈巴尔虎旗、牙克石、鄂伦春旗、鄂温克旗、阿荣旗、莫力达瓦、扎兰屯、阿尔山以及科尔沁右翼前旗11旗（市）。

在正文部分，详细介绍的种后一般附带1～2个相似种，这里所指的"相似"是形态相似，而非亲缘关系上的相近。本书选择的相似种的范围相当宽泛，只要在叶、花、果的任何一方面有相似之处，均予以收录。

希望本书能为您在大兴安岭的观光考察带来愉悦与方便，更希望您能对本书提出中肯的意见和建议。

# 使用说明 How to use this book

本书的检索系统采用目录树形式的逐级查找方法。先按照植物的生活型分为三大类：木本、藤本和草本。

木本植物按叶形的不同分为三类：叶较窄或较小的为针状或鳞片状叶，叶较宽阔的分为单叶和复叶。藤本植物不再做下级区分。草本植物首先按花色分为七类，由于蕨类植物没有花的结构，禾草状植物没有明显的花色区分，列于最后。每种花色之下按花的对称形式分为辐射对称和两侧对称\*。辐射对称之下按花瓣数目再分为二至六；两侧对称之下分为蝶形、唇形、有距、兰形及其他形状；花小而多，不容易区分对称形式的单列，分为穗状花序和头状花序两类。

正文页面内容介绍和形态学术语图解请见后页。

\* **注**：为方便读者理解和检索，本书采用了"辐射对称"与"两侧对称"这种在学术上并不严谨的说法。

**花绿色或花被不明显**

   **辐射对称**

   **两侧对称**

   **小而多**

乔木和灌木（人高1.7米）
Tree and shrub ( The man is 1.7 m tall )

草本和禾草状草本（书高18厘米）
Herb and grass-like herb ( The book is 18 cm tall )

**植株高度比例** Scale of plant height

**上半页所介绍种的生活型、花特征的描述**
Description of habit and flower features of the species placed in the upper half of the page

**叶、花、果期（空白处表示落叶）**
Growing, flowering and fruiting stage (Blank indicates deciduous)

**上半页所介绍种的图例**
Legend for the species placed in the upper half of the page

**在中国的地理分布**
Distribution in China

**属名** Genus name

**科名** Family name

**别名** Chinese local name

**中文名** Chinese name

**拼音** Pinyin

**学名（拉丁名）** Scientific name

**英文名** Common name

**主要形态特征的描述**
Description of main features

**生境**
Habitat

**在形态上相似的种**
**（并非在亲缘关系上相近）**
Similar species in appearance rather than in relation

**识别要点**
**（识别一个种或区分几个种的关键特征）**
Distinctive features
(Key characters to identify or distinguish species)

**相似种的叶、花、果期**
Growing, flowering and fruiting period of the similar species

**页码** Page number

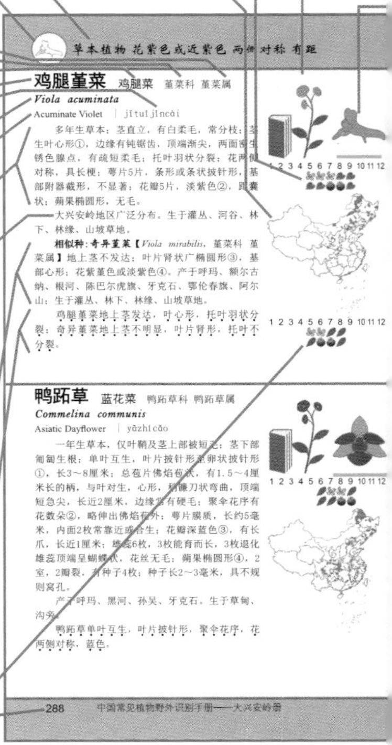

草本植物 花紫色或近紫色 两侧对称 有距

**鸡腿堇菜** 鸡腿菜 堇菜科 堇菜属

*Viola acuminata*

Acuminate Violet | jītuǐjǐncài

多年生草本；茎直立，有白柔毛，常分枝；茎生叶心形①，边缘有钝锯齿，顶端渐尖，两面密生锈色腺点，有疏短柔毛；托叶羽状分裂；花两侧对称，具长梗；萼片5片，条形或条状披针形，基部附器截形，不显著；花瓣5片，淡紫色②，距囊状；蒴果椭圆形，无毛。

大兴安岭地区广泛分布。生于灌丛、河谷、林下、林缘、山坡草地。

**相似种：奇异堇菜**【*Viola mirabilis*，堇菜科 堇菜属】地上茎不发达；叶片肾状广椭圆形③，基部心形；花紫堇色或淡紫色④。产于呼玛、额尔古纳、根河、陈巴尔虎旗、牙克石、鄂伦春旗、阿尔山；生于灌丛、林下、林缘、山坡草地。

鸡腿堇菜地上茎发达，叶心形，托叶羽状分裂；奇异堇菜地上茎不明显，叶片肾形，托叶不分裂。

**鸭跖草** 蓝花菜 鸭跖草科 鸭跖草属

*Commelina communis*

Asiatic Dayflower | yāzhícǎo

一年生草本，仅叶鞘及茎上部被短毛；茎下部匍匐生根；单叶互生，叶片披针形至卵状披针形①，长3～8厘米；总苞片佛焰苞状，有1.5～4厘米长的柄，与叶对生，心形，稍镰刀状弯曲，顶端短急尖，长近2厘米，边缘常有硬毛；聚伞花序有花数朵②，略伸出佛焰苞外；萼片膜质，长约5毫米，内面2枚常靠近或合生；花瓣深蓝色③，有长爪，长近1厘米；雄蕊6枚，3枚能育而长，3枚退化雄蕊顶端呈蝴蝶状，花丝无毛；蒴果椭圆形④，2室，2瓣裂，有种子4枚；种子长2～3毫米，具不规则窝孔。

产于呼玛、黑河、孙吴、牙克石。生于草甸、沟旁。

鸭跖草单叶互生，叶片披针形，聚伞花序，花两侧对称，蓝色。

288 中国常见植物野外识别手册——大兴安岭册

花辐射对称，花瓣二

花辐射对称，花瓣三

花辐射对称，花瓣四

花辐射对称，花瓣五

花辐射对称，花瓣六*

花两侧对称，蝶形

花两侧对称，唇形

花两侧对称，有距

花两侧对称，兰形或其他形状

花辐射对称，花瓣多枚

植株禾草状，花序特化为小穗

花小，或无花被，或花被不明显

花小而多，组成穗状花序

花小而多，组成头状花序

\* **注**：花瓣分离时为花瓣六，花瓣合生时为花冠裂片六，花瓣缺时为萼片六或萼裂片六。正文中不再区分，一律为"花瓣六"；其他数目者亦相同。

花的大小比例（短线为1厘米）
Scale of flower size ( The band is 1 cm long )

下半页所介绍种的生活型、花特征的描述
Description of habit and flower features of the species placed in the lower half of the page

下半页所介绍种的图例
Legend for the species placed in the lower half of the page

上半页所介绍种的图片
Pictures of the species placed in the upper half of the page

图片序号对应左侧文字介绍中的①②③...
The numbers of pictures are counterparts of ①, ②, ③, etc. in left discriptions

下半页所介绍种的图片
Pictures of the species placed in the lower half of the page

草本植物 花紫色或近紫色 两侧对称 兰形或其他形状

# 术语图解 Illustration of Terminology

**叶 Leaf**

中脉 midrib
侧脉 lateral vein
叶片 blade
叶柄 petiole
托叶 stipule
茎 stem

**禾草状植物的叶 Leaf of Grass-like Herb**

秆 culm
叶片 blade
叶舌 ligule
叶鞘 sheath

**叶形 Leaf Shapes**

针状
acerose

条形
linear

披针形
lanceolate

倒披针形
oblanceolate

卵形
ovate

倒卵形
obovate

鳞片状
scale-like

椭圆形
elliptic

圆形
rounded

箭形
sagittate

心形
cordate

肾形
reniform

**叶缘 Leaf Margins**

全缘
entire

锯齿
serrate

重锯齿
biserrate

圆齿
crenate

波状
undulate

刺状锯齿
spiny-serrate

**叶的分裂方式 Leaf Segmentation**

不裂
entire

羽状分裂
pinnatifid

大头羽状分裂
lyrate

二回羽状分裂
bipinnatifid

掌状分裂
palmatifid

鸟足状分裂
pedate

**单叶和复叶 Simple Leaf and Compound Leaves**

单叶
simple leaf

奇数羽状复叶
odd-pinnately
compound leaf

偶数羽状复叶
even-pinnately
compound leaf

二回羽状复叶
bipinnately
compound leaf

掌状复叶
palmately
compound leaf

单身复叶
unifoliate
compound leaf

**叶序 Leaf Arrangement**

互生
alternate

螺旋状着生
spirally arranged

对生
opposite

轮生
whorled

簇生
fasciculate

基生
basal

12

## 花 Flower

花瓣 petal
花药 anther
花丝 filament
柱头 stigma
花柱 style
萼片 sepal
子房 ovary
花托 receptacle
花梗/花柄 pedicel

花梗/花柄 pedicel
花托 receptacle
萼片 sepal 〉统称 花萼 calyx
花瓣 petal 〉统称 花冠 corolla 〉花被 perianth
花丝 filament
花药 anther 〉雄蕊 stamen 〉统称 雄蕊群 androecium
子房 ovary
花柱 style 〉雌蕊 pistil 〉统称 雌蕊群 gynoecium
柱头 stigma

花 flower

## 花序 Inflorescences

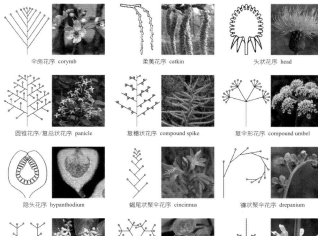

总状花序 raceme

穗状花序 spike

伞形花序 umbel

伞房花序 corymb

柔荑花序 catkin

头状花序 head

圆锥花序/复总状花序 panicle

复穗状花序 compound spike

复伞形花序 compound umbel

隐头花序 hypanthodium

蝎尾状聚伞花序 cincinnus

镰状聚伞花序 drepanium

二歧聚伞花序 dichasium

多歧聚伞花序 polychasium

轮状聚伞花序/轮伞花序 verticillaster

## 果实 Fruits

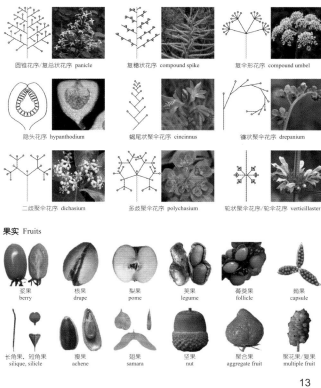

浆果 berry

核果 drupe

梨果 pome

荚果 legume

蓇葖果 follicle

蒴果 capsule

长角果、短角果 silique, silicle

瘦果 achene

翅果 samara

坚果 nut

聚合果 aggregate fruit

聚花果/复果 multiple fruit

13

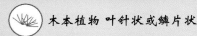

# 樟子松 海拉尔松 松科 松属

*Pinus sylvestris* var. *mongolica*

Mongolian Scotch Pine | zhāngzǐsōng

常绿乔木；树干常为黄褐色①，树冠尖塔形②；一年生枝淡黄褐色，无毛；冬芽淡褐黄色，有树脂；针叶2针一束，硬直，稍扁，微扭曲，长4～9厘米，宽1.5～2毫米；树脂道较大，6～17个，边生；叶鞘宿存，黑褐色；小孢子叶球圆柱状卵圆形，聚生于新枝基部④；球果圆锥状卵形，下垂，熟时黄绿色③；鳞盾长菱形，常肥厚隆起，向后反曲，纵横均匀明显，鳞脐凸起有短刺；种子黑褐色，长约5毫米，种翅长7～10毫米。

产于大兴安岭各山区，多成纯林或与落叶松混生。生于土壤水分较少的山脊及向阳山坡，以及较干旱的沙地及石砾沙土地区。

树形尖塔形，树皮常为黄褐色，一年生枝黄褐色，针叶两针一束，鳞盾脊明显。

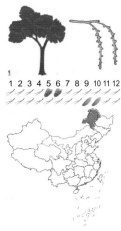

# 偃松 马尾松 松科 松属

*Pinus pumila*

Dwarf Siberian Pine / Japan Stone Pine | yǎnsōng

灌木，树干通常伏卧状，基部多分枝①；树皮灰褐色，片状脱落；一年生枝红色，密被柔毛；冬芽红褐色；针叶5针一束，叶鞘早落；雄球花椭圆形，黄色③；雌球花单生或2～3个集生，卵圆形，紫色或红紫色；球果直立②；种子不脱落，暗褐色。

产于塔河、呼玛、黑河、额尔古纳、根河、牙克石、鄂伦春旗、阿尔山。生于海拔700米以上的山上。

**相似种：西伯利亚红松【*Pinus sibirica*，松科松属】**乔木，树皮淡褐色，针叶5针一束④，球果直立，鳞盾紫褐色，鳞脐明显；种子倒卵圆形。产于额尔古纳、满归、漠河；生于干燥沙地和排水不良的沼泽地。

偃松为伏卧状灌木；西伯利亚红松为高大乔木。

# 红皮云杉　红皮臭　松科 云杉属

*Picea koraiensis*

Korean Spruce　|　hóngpíyúnshān

　　常绿乔木①；小枝上具木钉状叶枕；一年生枝淡红褐色；芽长圆锥形，小枝基部宿存芽鳞的先端常反曲；叶锥形，先端尖，横切面菱形；雄球花单生叶腋，下垂②；球果单生枝顶，圆柱形③；种鳞薄木质，倒卵形；苞鳞极小；种子上端有膜质长翅。

　　产于塔河、呼玛、额尔古纳、根河。喜生于山地中下部与谷地；在分布区内除有积水的沼泽化地带及干燥的阳坡、山脊外，在其他各种类型的立地条件均能生长。

　　**相似种：鱼鳞云杉**【*Picea jezoensis* var. *microsperma*，松科 云杉属】常绿乔木；树皮鱼鳞状开裂；叶线形，扁平；种鳞先端近圆截形，边缘有不规则的缺刻④。产于呼玛、黑河；生于海拔300～800米、气候寒凉、棕色森林土的丘陵或缓坡地带。

　　红皮云杉树皮不规则开裂，种鳞先端全缘；鱼鳞云杉树皮鱼鳞状开裂，种鳞先端有缺刻。

# 兴安落叶松　落叶松　松科 落叶松属

*Larix gmelinii*

Dahurian Larch　|　xīng'ānluòyèsōng

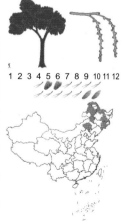

　　落叶乔木①，树皮灰色，块状剥裂②；一年生长枝淡褐黄色至淡褐色；短枝顶端叶枕之间有黄白色毛；叶在长枝上疏散生，在短枝上簇生，条形，长1.5～3厘米，下面沿中脉两侧各有2～3(5)条气孔线；球果单生短枝顶端，卵圆形，长1.2～3厘米，幼时红紫色③，后变绿，熟时黄褐色至紫褐色④，顶端的种鳞开展或斜展；种鳞14～30枚，五角状卵形，长1～1.5厘米，先端截形或微圆，常微凹，有光泽；苞鳞不外露，或球果基部的苞鳞露出。

　　广泛分布于大兴安岭各山区。在土壤肥沃、排水良好的山坡、河谷或山顶均可生长。

　　种鳞14～30枚，五角状卵形，先端截形或微圆，常微凹，背面和边缘无毛，有光泽。

# 西伯利亚刺柏 高山桧 柏科 刺柏属

*Juniperus sibirica*

Siberian Juniper | xībólìyàcìbǎi

匍匐灌木①，枝皮灰色；刺叶三叶轮生，斜伸；球果圆球形或近球形，直径5～7毫米，熟时褐黑色，被白粉②，通常有3粒种子，间或1～2粒；种子卵圆形，顶端尖，有棱角，长约5毫米。

产于呼玛、黑河、额尔古纳、根河、牙克石、鄂伦春旗、阿尔山。生于砾石山地或疏林下。

**相似种：兴安圆柏**【*Juniperus sabina* var. *davurica*，柏科 刺柏属】当年生枝绿色，老枝红褐色；芽极小，不明显；叶两型，即针叶和鳞叶，对生③；球果生于小枝顶端，浆果状，倒卵状球形④。产于塔河、呼玛、额尔古纳、根河、牙克石、鄂伦春旗、科尔沁右翼前旗；生于亚高山矮曲林中、向阳石质山坡。

西伯利亚刺柏叶为刺形，三叶轮生；兴安圆柏两型叶，刺叶交叉对生。

# 钻天柳 红毛柳 杨柳科 钻天柳属

*Chosenia arbutifolia*

Awlleaf Chosenia | zuāntiānliǔ

乔木，树冠圆柱形①，树皮剥裂，褐灰色②；小枝无毛，黄色带红色或紫红色，有白粉；芽扁卵形；叶长圆状披针形至披针形，长5～8厘米，宽1.5～2.3厘米，先端渐尖，基部楔形，两面无毛，上面灰绿色，下面苍白色，常有白粉，边缘稍有锯齿或近全缘；叶柄长5～7毫米，无托叶；雄花序开放时下垂③，长1～3厘米，轴无毛，雄蕊5，短于苞片，着生于苞片基部，花药球形，黄色；雌花序直立或斜展，长1～2.5厘米，轴无毛④；子房近卵状长圆形，有短柄，无毛，花柱2，明显；苞片倒卵状椭圆形，外面无毛，边缘有长毛，脱落。

产于呼玛、额尔古纳、根河、牙克石、鄂伦春旗、扎兰屯、阿尔山。生于海拔300～950米的林区河流两岸排水良好的碎石沙土上。

钻天柳树皮剥裂；小枝红色，有白粉；叶片无托叶；雄蕊5枚，无腺体。

# 粉枝柳  簸箕柳  杨柳科 柳属

*Salix rorida*

Dewy Willow | fěnzhīliǔ

　　乔木，1～2年生小枝常具白粉①；叶披针形，稀倒披针形，长8～12厘米，宽1～2厘米，下面有白粉，边缘有整齐的锯齿；叶柄明显，托叶卵形②；花先叶开放；花序长1.5～3.5厘米，粗约1.5厘米；雌花序稍细，无梗③；雄蕊2，花丝无毛；苞片倒卵状矩圆形，上部黑色，两面密被白色长毛，两侧有3～4个小腺点；具腹腺1；子房无毛，有长柄，花柱明显，柱头2裂；苞片、腺体同雄花；蒴果长5毫米。

　　产于呼玛、嫩江、黑河、额尔古纳、根河、牙克石、鄂伦春旗、扎兰屯、阿尔山。生于林区山地，溪边尤多。

　　粉枝柳为乔木，小枝和叶片下面具白粉，托叶卵形，雄蕊2枚。

# 崖柳  王八柳  杨柳科 柳属

*Salix floderusii*

Floderus Willow | yáliǔ

　　灌木①，小枝较粗，幼枝有白茸毛，老枝无毛；芽有毛；叶形多变化，长椭圆形或披针状长椭圆形或倒卵状长椭圆形②；花先叶开放或近与叶同时开放，无花序梗③，轴有毛；雄花序长1.8～2.5厘米，粗约1～1.3厘米；蒴果卵状长圆锥形，有绢毛。

　　产于漠河、塔河、呼玛、嫩江、黑河、额尔古纳、根河、牙克石、扎兰屯、科尔沁右翼前旗。生于沼泽地或较湿润山坡。

　　**相似种：大黄柳【***Salix raddeana***，杨柳科 柳属】**芽大；叶革质，急尖，倒卵形或圆形，下面有明显皱纹，并具灰色茸毛；雄蕊2，花药长圆形，黄色；子房长圆锥形④，具柔毛。产于呼玛、额尔古纳、根河、牙克石、阿尔山；生于林中。

　　崖柳芽小，叶片边缘近全缘，下面密被白色茸毛；大黄柳芽大，叶片下面具明显褶皱，边缘有锯齿。

# 杞柳　白箕柳　杨柳科 柳属

*Salix integra*

Entire Willow　│ qǐ liǔ

　　灌木，树皮灰绿色；小枝无毛，有光泽；芽卵形，先端尖，黄褐色，无毛；叶近对生，椭圆状长圆形，长2～5厘米，宽1～2厘米，先端短渐尖，叶柄短①；花先叶开放，花序长1～2(2.5)厘米，基部有小叶；雄蕊2，花丝合生，花药红色②；子房有柔毛③。

　　产于塔河、呼玛、黑河、额尔古纳、根河、牙克石、鄂伦春旗、扎兰屯、科尔沁右翼前旗。生于山地河边、湿草地。

　　**相似种：卷边柳【***Salix siuzevii***，杨柳科 柳属】**灌木或乔木；叶披针形④，背面有白粉；托叶披针形，早落；花序无梗；雄蕊2，花丝无毛；苞片披针形或舌状，先端黑色，有长毛；具1腹腺；子房卵状圆锥形，花柱明显。产于塔河、呼玛、黑河、额尔古纳、根河、牙克石、鄂伦春旗、扎兰屯、科尔沁右翼前旗；生于河边、山坡湿地。

　　杞柳叶近对生；卷边柳叶互生。

# 越橘柳　杨柳科 柳属

*Salix myrtilloides*

Blueberry Willow　│ yuè jú liǔ

　　灌木；小枝灰黄色，老时无毛或疏生短柔毛；叶椭圆形或矩圆形①，长1～3.5厘米，宽7～15毫米，全缘，稀有齿，幼时有白色或褐色丝毛，后无毛，上面有时带紫色，下面苍白；侧脉8～10对；叶柄长2～4毫米，初有丝毛，后近无毛；托叶卵形，边缘有齿；花序轴有毛；苞片内卷，倒卵形，在雄株有长丝毛，在雌株无毛；仅腹面有1腺体；雄花序长7～10毫米；雄蕊2；雌花序长1～2厘米，蒴果长6～10毫米②③，淡红色，无毛，有梗。

　　产于塔河、呼玛、嫩江、黑河、额尔古纳、根河、牙克石、鄂伦春旗、扎兰屯、科尔沁右翼前期。生于山区草原湿地或水甸子。

　　越橘柳为小灌木，小枝灰黄色，叶椭圆形或矩圆形，先端钝，基部圆形，上面有时带紫色，下面苍白，干后叶变黑。

# 山杨 响杨 杨柳科 杨属

*Populus davidiana*

David Poplar | shānyáng

乔木①；冬芽卵形，无毛，略有黏液；叶近圆形，边缘有波状钝齿②；叶柄侧扁，长2.5~6厘米，无毛；花序轴有疏柔毛；雄花序长5~9厘米；苞片深裂，有疏柔毛；雄蕊6~11；雌花序长4~7厘米；柱头2，深裂；蒴果椭圆状纺锤形③，2瓣裂开。

大兴安岭山区广泛分布。多生于山坡、山脊和沟谷地带。

**相似种：甜杨**【*Populus suaveolens*，杨柳科 杨属】芽较长，褐色，有黏性；叶椭圆形④，通常中部最宽，下面灰白色，叶柄圆；子房圆锥形，无毛，花柱3深裂；蒴果近无柄，多3瓣裂，无毛。产于塔河、呼玛、黑河、额尔古纳、根河、牙克石、扎兰屯、科尔沁右翼前旗；多生于河流两岸。

山杨叶柄扁，叶片近圆形；甜杨叶柄圆，叶片椭圆形。

1 2 3 4 5 6 7 8 9 10 11 12

# 东北赤杨 东北桤木 桦木科 桤木属

*Alnus mandshurica*

Manchurian Alder | dōngběichìyáng

灌木或小乔木；树皮暗灰色，光滑；小枝紫褐色，无毛，有条棱和皮孔；芽披针形，无柄，有3~6枚芽鳞；叶卵形①，两面均近无毛，边缘有密而细的不规则锯齿，侧脉7~13对；叶柄长5~20毫米，无毛；果序矩圆形或近球形②，长1~2厘米，通常3~5个排成总状，生于短枝的顶端；果苞长3~4毫米；翅果长卵形。

产于塔河、呼玛、额尔古纳、根河、牙克石。生于海拔700~1500米的山坡林地或溪流旁。

**相似种：水冬瓜赤杨**【*Alnus hirsuta*，桦木科 桤木属】树干不圆，有糙棱；冬芽有柄，芽鳞2片；叶近圆形③，侧脉5~10对，背面粉白色；果序近球形④。产于呼玛、额尔古纳、根河、牙克石、鄂伦春旗、鄂温克旗；生于河边、林中湿地。

东北赤杨芽鳞无柄，芽鳞3~6枚，叶卵形；水冬瓜赤杨冬芽有柄，芽鳞2枚，叶片近圆形。

1 2 3 4 5 6 7 8 9 10 11 12

## 黑桦 棘皮桦 桦木科 桦木属

### *Betula dahurica*

Dahurian Birch | hēihuà

乔木①；树皮灰褐色，龟裂；叶卵形、菱状卵形或矩圆状卵形②，长4～8厘米，边缘有不规则重锯齿，近无毛，下面密生腺点，侧脉6～8对；叶柄长5～15毫米，密生长柔毛；雄花序长圆形，通常3个簇生于枝顶，下垂③；果序单生，圆柱状，直立④；果序柄长5～12毫米；果苞长5～8毫米，中裂片矩圆状三角形，侧裂片卵形，开展至微向下弯，长及中裂片之半，较中裂片宽；翅果卵形。

产于漠河、呼玛、嫩江、五大连池、额尔古纳、科尔沁右翼前旗。生于海拔400～1300米干燥、土层较厚的阳坡、山顶石岩上、针叶林或杂木林下。

黑桦树皮灰褐色，龟裂；叶卵形，边缘有不规则重锯齿；果序单生，圆柱状。

## 柴桦 丛桦 桦木科 桦木属

### *Betula fruticosa*

Altai Birch | cháihuà

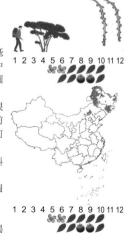

丛生灌木，树皮灰褐色；叶卵形，先端渐尖，基部楔形①，近无毛，侧脉4～7对；果序单生，直立或倾斜，矩圆状②，长1～2厘米，直径5～8毫米；果序柄短，长3～5毫米；果苞长5～7毫米，中裂片矩圆状披针形，侧裂片矩圆形；翅果近矩圆形。

产于呼玛、黑河、五大连池、额尔古纳、根河、牙克石、鄂温克旗、扎兰屯、科尔沁右翼前旗。多生长于海拔600～1100米的林区沼泽地或河溪旁。

**相似种：扇叶桦【*Betula middendorffii*，桦木科桦木属】**树皮红褐色，具光泽；叶厚，倒卵形③；果序单生，下垂，生于短枝顶④；小坚果阔椭圆形。产于呼玛、黑河、额尔古纳、根河、牙克石；生于海拔900～1400米的石质山坡。

柴桦树皮灰褐色，果序直立；扇叶桦树皮红褐色，果序下垂。

# 白桦 桦木 桦木科 桦木属

**Betula platyphylla**

Asian White Birch | báihuà

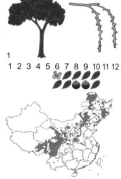

乔木，树皮白色①；叶卵状三角形，先端渐尖，基部截形至楔形②，边缘有或多或少重锯齿，无毛；雄花序常常成对顶生④；果序单生，圆柱状；果苞长3~7毫米，中裂片三角形，侧裂片通常开展至向下弯；翅果狭椭圆形，膜质翅与果等宽或较果稍宽。

大兴安岭地区广泛分布。生于阔叶落叶林、山坡、草甸、林中及针叶阔叶混交林中。

**相似种：岳桦【Betula ermanii，桦木科 桦木属】** 树皮灰白色，纸状分层剥落；皮孔白色，明显，多数；叶片三角状卵形，基部圆形，边缘有重锯齿③；果序直立，单生⑤，有柄。产于呼玛、额尔古纳、牙克石、阿尔山；生于林中，亚高山矮曲林带。

白桦分枝少，侧脉5~8对，果序下垂；岳桦分枝多，侧脉8~12对，果序直立。

# 榛 平榛 桦木科 榛属

**Corylus heterophylla**

Siberian Hazelnut | zhēn

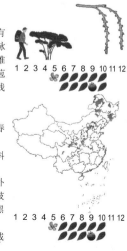

灌木；叶圆卵形至宽倒卵形①，先端截形，有短锐尖，具基部心形，边缘有不规则重锯齿，侧脉4~7(8)对；叶柄长1~2厘米；花单性，同株；雄花序圆柱形，长2~4厘米②；果1~6个簇生；总苞钟状③，外面密生短柔毛和刺毛状腺体，上部浅裂，裂片三角形，几全缘；果序柄长约1.5厘米；坚果近球形。

产于呼玛、黑河、额尔古纳、牙克石、鄂伦春旗。生于海拔200~800米的山地阳坡灌丛中。

**相似种：毛榛【Corylus mandshurica，桦木科 榛属】** 叶矩圆状卵形或矩圆形④，侧脉5~7对；果2~6个簇生；总苞管状⑤，在坚果以上缢缩，外面密生黄色刚毛和白色短柔毛，上部浅裂，裂片披针形；坚果几球形，密生白色茸毛。产于呼玛、黑河；生于山坡灌丛中。

榛叶先端截形，总苞钟状；毛榛叶先端非截形，总苞管状。

## 蒙古栎　柞树　壳斗科 栎属

*Quercus mongolica*

Mongolian Oak ｜ měnggǔlì

1 2 3 4 5 6 7 8 9 10 11 12

　　落叶乔木①；幼枝具棱，无毛，紫褐色；芽长卵形，微具角棱，芽鳞褐色；叶倒卵形至长椭圆状倒卵形②，长7～17厘米，宽4～10厘米，先端钝或急尖，基部耳形，边缘具(6)8～9对深波状钝齿，幼时叶脉有毛，老时变无毛，侧脉7～11对；叶柄长2～5毫米；雄花序下垂③，花被6～7裂，雄蕊通常8；壳斗杯形，包围坚果1/3～1/2④，壁厚；苞片小，三角形，背面有疣状突起；坚果卵形至长卵形，无毛。

　　产于呼玛、黑河、额尔古纳、鄂伦春旗、阿荣旗、扎兰屯。生于向阳山坡林中。

　　蒙古栎叶倒卵形至长椭圆状倒卵形，边缘具深波状钝齿，侧脉7～11对；壳斗杯形，苞片背面具疣状突起。

## 春榆　白皮榆　榆科 榆属

*Ulmus davidiana* var. *japonica*

Japanese Elm ｜ chūnyú

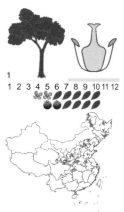

1 2 3 4 5 6 7 8 9 10 11 12

　　落叶乔木；一年生枝淡褐色或暗紫褐色，幼时被毛，多年生枝常具木栓质翅；叶倒卵形或椭圆状倒卵形①，长4～10厘米，边缘具重锯齿，侧脉12～20对，上面具短硬毛，多少粗糙或近平滑，下面脉腋常有毛簇；花簇生于去年枝的叶腋，具短梗；翅果无毛②，种子接近凹缺处。

　　产于呼玛、额尔古纳、根河、牙克石、扎兰屯。生于河谷、河边及山麓地带。

　　**相似种：大果榆【***Ulmus macrocarpa***，榆科 榆属**】枝常具木栓质翅；小枝淡黄褐色；叶宽倒卵形或椭圆状倒卵形③，两面被短硬毛，粗糙；花簇生于去年枝的叶腋或苞腋；翅果被毛④；种子位于翅果的中部。产于额尔古纳、牙克石；生于山沟或较干燥的山坡。

　　春榆枝具不规则木栓质翅，叶上表面粗糙或近平滑；大果榆木栓质翅规则，叶两面粗糙。

1 2 3 4 5 6 7 8 9 10 11 12

木本植物 单叶

## 刺叶小檗 西伯利亚小檗 小檗科 小檗属

*Berberis sibirica*

Siberian Barberry | cìyèxiǎobò

落叶灌木，老枝暗灰色，无毛，幼枝被微柔毛，具棱脊，在短枝基部具5～8叉状细尖刺①；叶较硬，近革质，倒卵形、倒披针形或倒卵状长圆形，先端圆钝，具刺尖，基部楔形②；花单生，黄色③，萼片2轮，外萼片长圆状卵形，内萼片倒卵形，长约4.5毫米，宽约2.5毫米；花瓣倒卵形，先端浅缺裂，基部具2枚分离的腺体；雄蕊长2.5～3毫米，药隔先端平截；胚珠5～8枚；浆果倒卵形，红色④，顶端无宿存花柱，不被白粉。

产于额尔古纳、根河、牙克石、阿尔山。生于石砾多的山坡林缘或开阔地。

刺叶小檗在短枝基部有5～8叉状细尖刺，叶缘有细针状齿，花常单生。

## 黑果茶藨子 黑茶藨子 茶藨子科/虎耳草科 茶藨子属

*Ribes nigrum*

Black Currant | hēiguǒchápāozi

落叶直立灌木；叶近圆形，下面被短柔毛和黄色腺体，掌状3～5浅裂①，裂片宽三角形，先端急尖，顶生裂片稍长于侧生裂片，边缘具不规则粗锐锯齿；总状花序具花4～12朵②；花序轴和花梗具短柔毛；花两性，开花时直径5～7毫米；花萼浅黄绿色或浅粉红色，具短柔毛和黄色腺体；萼筒近钟形；萼片舌形；花瓣卵圆形或匙状椭圆形；雄蕊与花瓣近等长，花药卵圆形，具蜜腺；子房疏生短柔毛和腺体；花柱稍短于雄蕊，先端2浅裂，稀几不裂；果实近圆形③，熟时黑色，疏生腺体④。

产于阿尔山、额尔古纳、根河、漠河、塔河、呼玛、鄂伦春旗。生于林下、林缘。

黑果茶藨子叶近圆形，下面被短柔毛和黄色腺体，果实近圆形，黑色。

# 英吉里茶藨子 灯笼果

茶藨子科/虎耳草科 茶藨子属

*Ribes palczewskii*

Palczewsk's Currant | yīngjílǐchápāozi

落叶灌木；叶肾状圆形，基部浅心脏形或近截形，无毛；总状花序，直立或斜展，花小，两性；花萼黄白色①，外面无毛；雄蕊与花瓣近等长；子房光滑无毛；果实近球形，红色②。

大兴安岭山区广泛分布。生于山坡落叶松林下、水边杂木林及灌丛中。

**相似种：楔叶茶藨子【*Ribes diacanthum*，茶藨子科/虎耳草科 茶藨子属】** 小枝节上有一对刺；叶菱状倒卵圆形，两面无毛，3浅裂③；雌雄异株；花序轴和花梗无柔毛；花绿黄色，花柱先端2裂；果实球形，红色④。产于额尔古纳、鄂伦春旗、鄂温克旗、扎兰屯、科尔沁右翼前旗；生于海拔600～700米的沙丘、沙质草原及河岸边。

英吉里茶藨子叶肾状圆形，花两性；楔叶茶藨子叶菱状倒卵圆形，花单性。

# 水葡萄茶藨子

茶藨子科/虎耳草科 茶藨子属

*Ribes procumbens*

Procumbent Gooseberry | shuǐpútaochápāozi

落叶蔓性小灌木；老枝灰褐色，小枝褐色，散生黄色腺点；芽卵状长圆形；叶革质，圆状肾形①，叶下表面疏生黄色腺点；花两性；总状花序短，花暗紫红色②；果实卵球形，成熟后紫褐色，具腺点③。

产于塔河、呼玛、额尔古纳、根河、牙克石、阿尔山、科尔沁右翼前旗。生于低海拔地区落叶松林下、杂木林内阴湿处及河岸旁。

**相似种：矮茶藨子【*Ribes triste*，茶藨子科/虎耳草科 茶藨子属】** 落叶矮小灌木，近匍匐；叶常3裂，裂片宽三角形，先端圆钝，边缘具尖锯齿④；花两性，紫红色，花丝红色；果实红色。产于塔河、呼玛、牙克石、阿尔山；生于海拔1000～1200米的林下。

水葡萄茶藨子叶片下表面具黄色腺点，果实紫褐色；矮茶藨子叶片不具腺点，果实红色。

# 欧亚绣线菊 石棒绣线菊 蔷薇科 绣线菊属

*Spiraea media*

Oriental Spirea | ōuyàxiùxiànjú

直立灌木；叶片椭圆形，先端急尖，基部楔形，无毛；伞形总状花序无毛；花白色①。

大兴安岭山区广泛分布。生于海拔750～800米的多石山地、山坡草原或杂木林内。

**相似种：绢毛绣线菊**【*Spiraea sericea*，蔷薇科 绣线菊属】叶片卵状椭圆形，叶下表面灰绿色，密被绢毛，伞形总状花序，花白色③。产于漠河、呼玛、黑河、额尔古纳、根河、牙克石；生于海拔200～900米的干燥山坡、林缘。**窄叶绣线菊**【*Spiraea dahurica*，蔷薇科 绣线菊属】枝常呈拱形弯曲；叶片披针形，无毛；伞形总状花序具总梗，花白色，蓇葖果②。产于呼玛、额尔古纳、根河；生于海拔300～1000米的石质山坡上。

欧亚绣线菊叶椭圆形，无毛；绢毛绣线菊叶具绢毛；窄叶绣线菊叶披针形，无毛。

# 柳叶绣线菊 绣线菊 蔷薇科 绣线菊属

*Spiraea salicifolia*

Willowleaf Spirea | liǔyèxiùxiànjú

直立灌木，小枝黄褐色；芽小，圆锥形；叶具柄，叶片矩圆状披针形至披针形，先端急尖或渐尖，边缘密生锐锯齿①，有时为重锯齿，两面无毛；叶柄长1～4毫米，无毛；花序为矩圆形或金字塔状圆锥花序，着生在当年生叶长枝的顶端，长6～13厘米，被细短柔毛；花粉红色，直径5～7毫米；蓇葖果直立②，无毛或沿腹缝有短柔毛，常具反折萼片。

产于呼玛、黑河、额尔古纳、根河、牙克石、鄂伦春旗、阿尔山。生于海拔600～800米的河流沿岸、湿草原、空旷地和山沟中。

柳叶绣线菊叶片披针形，圆锥花序顶生，花粉红色。

# 木本植物 单叶

## 山楂　蔷薇科 山楂属

*Crataegus pinnatifida*

Chinese Hawthorn ｜ shānzhā

　　落叶乔木；小枝紫褐色，有刺；叶宽卵形或三角状卵形，长5～10厘米，宽4～7.5厘米，基部截形至宽楔形，有3～5羽状深裂片，边缘有尖锐重锯齿，下面沿叶脉有疏柔毛；叶柄长2～6厘米，无毛；托叶镰形，边缘有锯齿；伞房花序有柔毛；花白色①，直径约1.5厘米；梨果近球形，深红色②③。

　　产于呼玛、黑河、根河、额尔古纳。生于河边、林缘、路旁及杂木林中。

　　**相似种：光叶山楂**【*Crataegus dahurica*，蔷薇科山楂属】落叶乔木；叶片菱状卵形，托叶披针形；复伞房花序；萼筒钟状；萼片线状披针形，两面均无毛；花瓣白色；雄蕊20，花药红色；花柱2～4；果实红色④。大兴安岭地区均有分布；生于山坡、河边、林间草地、林下及林缘。

　　山楂花序有毛，托叶大，镰形，有锯齿；光叶山楂花序无毛，托叶披针形，边缘有腺锯齿。

## 山荆子　山丁子　蔷薇科 苹果属

*Malus baccata*

Siberian Crabapple ｜ shānjīngzi

　　乔木；叶片椭圆形或卵形，长3～8厘米，宽2～3.5厘米，边缘有细锯齿①；叶柄长2～5厘米；伞形花序有花4～6朵，花梗细，长1.5～4厘米，无毛；花白色②，萼裂片披针形；梨果近球形，直径0.8～1厘米，红色③。

　　产于塔河、呼玛、黑河、额尔古纳、牙克石、鄂伦春旗、鄂温克旗、阿尔山。常生于山坡杂木林中和山谷阴处灌木丛中。

　　**相似种：全缘栒子**【*Cotoneaster integerrimus*，蔷薇科栒子属】灌木；叶片宽椭圆形，基部圆形，全缘；聚伞花序；花粉红色④；果实近球形，红色。产于额尔古纳、牙克石、阿尔山、科尔沁右翼前旗；生于石砾坡地或白桦林内。

　　山荆子叶缘具齿，伞形花序，花白色；全缘栒子叶片全缘，聚伞花序，花粉红色。

## 山杏 杏子 蔷薇科 杏属

*Armeniaca sibirica*

Siberian Apricot | shānxìng

灌木或小乔木①；树皮暗灰色；小枝无毛；冬芽卵形，无毛，芽鳞边缘有疏茸毛；叶片卵形或近圆形，先端长渐尖至尾尖，基部圆形至近心形，叶边缘有细钝锯齿②；叶柄无毛；花单生，先叶开放；花萼紫红色；花瓣近圆形或倒卵形，白色或粉红色③；雄蕊多数，与花瓣近等长；子房被短柔毛；果实扁球形④，黄色或橘红色，有时具红晕，被短柔毛。

产于额尔古纳、牙克石、鄂温克旗、扎兰屯、阿尔山。生于海拔500～900米的干燥向阳山坡上、丘陵草原或与落叶乔灌木混生。

山杏叶片先端具长尾尖，花萼紫红色，果实扁球形。

## 稠李 臭李子 蔷薇科 稠李属

*Padus avium*

Bird Cherry | chóulǐ

乔木，树皮黑褐色；小枝微生短柔毛或无毛；叶椭圆形、倒卵形或矩圆状倒卵形，边缘有锐锯齿①，上面深绿色，无毛或仅下面脉腋间有丛毛；叶柄无毛，近顶端或叶片基部有两个腺体（②右下）；托叶条形，早落；总状花序下垂；萼筒杯状，无毛，裂片卵形，花后反折；花瓣白色②，有香味，倒卵形；雄蕊多数，比花瓣短；心皮1，花柱比雄蕊短；核果球形或卵球形，黑色③。

大兴安岭地区广泛分布。生于海拔600～900米的林中、溪流旁、灌丛中。

稠李叶片基部有两个腺体，总状花序，花白色，浆果状核果黑色。

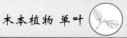

# 白杜　明开夜合、丝绵木　卫矛科 卫矛属

*Euonymus maackii*

Hamilton's Spindle tree ｜ báidù

1 2 3 4 5 6 7 8 9 10 11 12

小乔木，树皮暗灰色；枝圆柱状，近四棱形，无毛，一年生小枝绿色；叶卵状椭圆形、卵圆形或窄椭圆形①，先端长渐尖，基部阔楔形或近圆形，边缘具细锯齿，有时较深而锐利；叶柄通常细长，但有时较短；聚伞花序；花4数，淡白绿色或黄绿色②；雄蕊花药紫红色，花丝细长；蒴果倒圆锥状，4浅裂，成熟后果皮粉红色③；种子长椭圆状；假种皮橘红色④。

产于嫩江、黑河、额尔古纳。喜生于河流两岸冲积土形成的开阔地或稀疏的阔叶林内。

白杜小枝近四棱形，一年生小枝绿色，叶卵状椭圆形，聚伞花序，花4数，果皮粉红色。

# 茶条槭　无患子科/槭树科 槭属

*Acer ginnala*

Amur Maple / Crimson leaved Maple ｜ chátiáoqī

1 2 3 4 5 6 7 8 9 10 11 12

灌木或小乔木，叶片长圆状卵形或长圆状椭圆形，常3浅裂①②；伞房花序，无毛，具多数的花③；萼片5，卵形，黄绿色，外侧近边缘被长柔毛；花瓣5，长圆卵形白色，长于萼片；雄蕊8，与花瓣近等长，花丝无毛，花药黄色；花盘无毛，位于雄蕊外侧；小坚果嫩时被长柔毛，脉纹显著，长8毫米，宽5毫米；翅连同小坚果长2.5～3厘米，宽8～10毫米，中段较宽或两侧近于平行，张开近成锐角④。

产于呼玛、黑河。生于路旁、向阳山坡、河边、湿草地、杂木林缘。

茶条槭单叶对生，叶常3裂，伞房花序，双翅果呈锐角。

## 乌苏里鼠李　老鸹眼　鼠李科　鼠李属

*Rhamnus ussuriensis*

Ussuri Buckthorn ｜ wūsūlǐshǔlǐ

灌木；小枝褐色或灰褐色，顶端有刺；叶近对生，矩圆状椭圆形、披针形或倒卵形①，长2～10厘米，宽1.5～3.5厘米，顶端急尖或短渐尖，基部楔形，边缘有钝锯齿，齿端有腺点；侧脉5～6对；叶柄长2～3厘米；聚伞花序腋生②；花单性，花4数；核果球形，黑紫色③，直径6毫米。

产于黑河、额尔古纳、扎兰屯、科尔沁右翼前旗。常生于河边、山地林中或山坡灌丛。

**相似种：小叶鼠李【*Rhamnus parvifolia*，鼠李科　鼠李属】**小枝灰色，互生或对生，顶端针刺状；叶菱状倒卵形④，侧脉2～4对，核果黑色（④左下），直径3～4毫米，有2个核。产于扎兰屯；常生于向阳山坡、草丛或灌丛中。

乌苏里鼠李叶矩圆状椭圆形，侧脉5～6对；小叶鼠李叶菱状倒卵形，侧脉2～4对。

## 紫椴　椴树　锦葵科/椴树科　椴属

*Tilia amurensis*

Amur Liden ｜ zǐduàn

落叶乔木；树皮灰色，浅纵裂，呈片状脱落；小枝无毛；芽卵形，黄褐色，无毛；叶宽卵形或近圆形①，边缘具粗锯齿；叶柄长2.5～3厘米，无毛；聚伞花序②，花序轴无毛；苞片匙形或近矩圆形③，长4～5厘米，无毛，具短柄；萼片5，长5毫米，两面疏被毛；花瓣5，黄白色，无毛；雄蕊多数，无退化雄蕊；子房球形，具白色短茸毛，花柱粗，无毛；果近球形或矩圆形，被褐色毛④；具种子1～3粒，种子褐色，倒卵形。

产于嫩江、黑河。生于针阔混交林或阔叶林中。

紫椴叶宽卵形或近圆形，边缘具锯齿；舌状苞片与聚伞花序半合生。

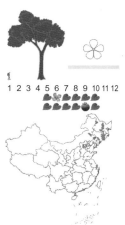

## 红瑞木　红柳条　山茱萸科 梾木属

*Swida alba*

**Tatarian Dogwood** | hóngruìmù

灌木，树皮紫红色①，幼枝有淡白色短柔毛；叶对生，卵状椭圆形或宽卵形②，先端具短尖，叶基圆形或宽楔形，下面白色；顶生伞房状聚伞花序，花小，白色③，短于花盘；花瓣4；雄蕊4；花盘垫状；核果长圆形，微扁，长约8毫米，直径5.5～6毫米，成熟时乳白色或蓝白色④，花柱宿存；核棱形，侧扁，两端稍尖呈喙状；果梗细圆柱形，长3～6毫米，有疏生短柔毛。

大兴安岭地区广泛分布。常生于溪流边或山地杂木林中。

红瑞木单叶对生，树皮紫红色，聚伞花序，花4数，花白色。

## 黑果天栌　黑北极果　杜鹃花科 北极果属

*Arctous alpinus* var. *japonicus*

**Japan North Pole Frait** | hēiguǒtiānlú

矮小落叶灌木，地下茎匍匐多分枝；地上茎纤细，暗褐色，覆盖有密的残留叶柄；叶簇生于枝顶，倒卵形或宽卵形①，先端钝圆，基部楔形，边缘具细密锯齿；总状花序，生于去年生枝的顶端；基部有2～4片苞片；花冠坛形②，淡黄绿色；雄蕊8枚，长1～2毫米，花药深红色，具芒状附属物，花丝被毛，花柱比雄蕊长，但短于花冠③；浆果球形④，直径6～9毫米，有光泽，初时红色，后变为黑紫色，多汁。

产于塔河、呼玛。生于海拔约1400米的高山山坡及灌丛中。

黑果天栌为矮小灌木，总状花序顶生，花冠坛形，淡黄绿色，果实黑紫色。

# 甸杜 地桂 杜鹃花科 地桂属

**_Chamaedaphne calyculata_**

Leatherleaf | diàndù

常绿直立灌木；小枝黄褐色，密生小鳞片和短柔毛；叶近革质，矩圆状倒披针形①，长3～4厘米，宽1～1.2厘米，顶端钝，有微尖，全缘，上下两面都有鳞片；总状花序顶生②，长达12厘米，总轴上的叶状苞片矩圆形，长6～12毫米，花生于叶状苞片的腋内，稍下垂，偏向一侧，有2个苞片紧贴于花萼背面；花梗短，密生短柔毛；萼片5，锐尖，背面有淡褐色柔毛和鳞片；花冠近钟状③，白色，长约5毫米，口部5裂；雄蕊10，着生于花盘上，花丝基部膨大，花药长，顶孔开裂；蒴果扁球形，直径4毫米，5室，室背开裂。

产于呼玛、塔河、黑河、根河。生于海拔约500米的苔藓类湿地。

甸杜叶近革质，矩圆状倒披针形，总状花序顶生，花白色，生于叶状苞片的腋内。

# 杜香 白山茶 杜鹃花科 杜香属

**_Ledum palustre_**

Crystal Tea / Wild Rosemary | dùxiāng

小灌木，分枝细密，老枝灰褐色，幼枝密生黄褐色茸毛；叶互生，矩圆状披针形①，长2～7厘米，宽约3毫米以上，有强烈香气，上面深绿色，中脉凹入，有皱纹，下面密生锈褐色和白色茸毛及腺鳞，中脉凸起，全缘，极反卷；伞房花序生于去年生枝顶②，花梗细，密生锈褐色茸毛；花多数，小型，白色③，直径1～1.5厘米，花冠5深裂；雄蕊10枚；蒴果卵形④，生有褐色细毛，5室，由基部向上开裂。

大兴安岭地区广泛分布。生于落叶松林、樟子松林、云杉林或针阔叶混交林下。

杜香分枝细密，叶矩圆状披针形，具香气，伞房花序生于去年生枝顶，花白色。

# 兴安杜鹃 达子香 杜鹃花科 杜鹃花属

*Rhododendron dauricum*

Xing'an Azalea | xīng'āndùjuān

半常绿灌木，多分枝；叶近革质，椭圆形①，两端钝；花粉红色②，先花后叶；花冠宽漏斗状；雄蕊10，伸出，花丝下部有毛；蒴果矩圆形，有鳞片。

大兴安岭地区广泛分布。生于山地落叶松林、桦木林下或林缘。

**相似种：白花兴安杜鹃【***Rhododendron dauricum* var. *albiflorum***，杜鹃花科 杜鹃花属】**花冠白色③，花小。产于额尔古纳、鄂伦春旗；生于林下。**小叶杜鹃【***Rhododendron lapponicum***，杜鹃花科 杜鹃花属】**花生于枝顶，近伞形花序，蔷薇色④，后叶开放。产于塔河、呼玛、额尔古纳、根河、牙克石、鄂伦春旗；生于落叶松林湿地。

兴安杜鹃花先叶开放，粉红色；白花兴安杜鹃花白色；小叶杜鹃近伞形花序，蔷薇色，后叶开放。

# 毛蒿豆 小果红莓苔子 杜鹃花科 越橘属

*Vaccinium microcarpum*

Littlefruit Craneberry | máohāodòu

半常绿灌木；茎纤细，有细长匍匐的横走茎①；分枝少，直立上升，直径约0.5毫米；叶散生，叶片革质，卵形或椭圆形，长2～6毫米，宽1～2(3)毫米，顶端锐尖，基部钝圆，边缘反卷，全缘，上面深绿色，下面灰白色，两面无毛；花1～2朵生于枝顶；苞片着生于花梗基部，卵形，长约1毫米，无毛；萼筒无毛，萼齿4；花冠粉红色，4深裂，裂片长圆形，向外反折，长约5毫米；雄蕊8；子房4室，花柱细长，超出雄蕊；浆果球形②③，直径约6毫米，红色④。

产于呼玛、额尔古纳、根河。生于落叶松林下或苔藓植物生长的水湿台地。

毛蒿豆为半常绿匍匐灌木，茎纤细，叶革质，下表面灰白色，花冠粉红色，浆果球形，红色。

## 笃斯越橘  笃斯 蓝莓  杜鹃花科 越橘属

### *Vaccinium uliginosum*

Moorberry / Bog Blueberry  |  dǔsīyuèjú

落叶灌木，高50～100厘米，多分枝；小枝无毛或有短毛；叶质稍厚，倒卵形、椭圆形至长卵形①，长1～3厘米，顶端圆或稍凹，全缘，下面沿叶脉有短毛，网脉两面明显；叶柄短；花1～3朵生于去年生枝条的顶部叶腋内；花梗长5～15毫米，有2个小苞片，中间有关节；花萼裂片4，少数为5；花冠宽坛状②，下垂，绿白色，蕾期粉红色，长约5毫米，4～5浅裂；雄蕊10，无毛，花药背面有2芒；子房下位，4～5室，花柱宿存；浆果扁球形或椭圆形，直径约1厘米，蓝紫色③④，味酸甜可食。

大兴安岭地区均有分布。生于山地针叶林下及沟塘沼泽灌丛湿地上，常形成群落。

笃斯越橘为小灌木，叶互生，椭圆形，花冠宽坛状，绿白色，蕾期粉红色，浆果蓝紫色。

## 越橘  北国红豆  杜鹃花科 越橘属

### *Vaccinium vitis-idaea*

Lingonberry  |  yuèjú

常绿矮生半灌木，地下茎长，匍匐，地上茎高10厘米左右，直立，有白微柔毛；叶革质，椭圆形或倒卵形①，长1～2厘米，宽8～10毫米，顶端圆，常微缺，基部楔形，边缘有细睫毛，上部具微波状锯齿，下面淡绿色，散生腺体，叶柄短，有微毛；花2～8朵成短总状花序，生于去年生的枝顶，稍下垂；小苞片2，卵形，脱落；总轴和花梗密生微毛；花萼短，钟状，4裂，无毛；花冠钟状①，白色或淡红色，直径5毫米，4裂；雄蕊8，花丝有毛，花药不具距；子房下位；浆果球形②，直径约7毫米，红色③④。

大兴安岭地区广泛分布。生于针叶林下及针阔混交林下。

越橘为常绿小灌木，叶互生，革质，椭圆形，花冠白色或淡红色，浆果球形，红色。

## 东亚岩高兰 杜鹃花科/岩高兰科 岩高兰属

*Empetrum nigrum* var. *japonicum*

Japanese Black Crowberry | dōngyàyángāolán

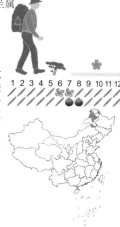

常绿匍匐状小灌木①；多分枝，小枝红褐色；叶轮生或交互对生，线形②，长4～5毫米；无柄；花单性异株，1～3朵生于上部叶腋，无花梗；苞片3～4，鳞片状，卵形，长约1毫米，边缘具细睫毛，萼片6，外层卵圆形，长约1.5毫米，里层披针形与外层等长，暗红色，花瓣状，先端内卷，无花瓣；雄蕊3，花丝线形，长约4毫米，花药较小；子房近陀螺形，长约0.6毫米，上部直径0.8毫米，无毛，花柱极短，柱头辐射状6～9裂；核果直径约5毫米，成熟时紫红色至黑色③；种子多数④。

产于呼玛、额尔古纳、根河、塔河、科尔沁右翼前旗。生于海拔775～1460米的石山或林中。

东亚岩高兰为常绿匍匐状小灌木，叶线形，核果黑色。

## 兴安百里香 百里香 唇形科 百里香属

*Thymus dahuricus*

Dahurian Thyme | xīng'ānbǎilǐxiāng

矮小灌木；茎多分枝，斜生或匍匐①，有疏茸毛；节间短，常较叶短；叶线状披针形④，长9～12毫米，宽1.5～2毫米，先端钝头，基部窄楔形，全缘；轮伞花序紧密排成头状，花柄短，有密白长柔毛；花萼管状钟形③，带紫色，有黄色腺点及明显隆起的脉，上唇的齿宽披针形；花冠长6～6.5毫米，粉红色或淡紫红色①②，具柔毛，两面有疏黄色腺点。小坚果近球形，暗褐色，光滑。

大兴安岭地区广泛分布。生于沙砾地、山坡草地、草甸草原。

兴安百里香的茎节间短，叶线状披针形，全缘，轮伞花序密集排成头状。

## 北极花 林奈木 忍冬科 北极花属

*Linnaea borealis*

Arcticflower | běijíhuā

常绿匍匐小灌木①；茎细，被短柔毛；叶近圆形②，长达12毫米，边缘具浅齿，通常具睫毛，上面疏生柔毛；花序生于小枝顶端，具2花③；花有长梗，白色至粉红色，芳香；萼筒具微毛和腺毛，裂片5，钻形披针形，长约2.5毫米，有短柔毛；花冠钟状④，长7~9毫米，内有柔毛，裂片5；雄蕊4，着生于花冠中部以下，不伸出花冠之外；花柱稍伸出；果近球形，熟时黄色，长约3毫米，具1核。

产于塔河、呼玛、额尔古纳、根河、牙克石、鄂伦春旗、阿尔山。生于兴安落叶松林下。

北极花为匍匐小灌木，叶近圆形，花序生于小枝顶端，具2花，白色至粉红色。

## 蓝靛果忍冬 羊奶子 山茄子 忍冬科 忍冬属

*Lonicera caerulea* var. *edulis*

Edible Sweetberry Honeysuckle |

lándiànguǒrěndōng

灌木，幼枝被毛，老枝红棕色，皮剥落；叶矩圆形①；总花梗长2~10毫米；苞片条形，长于萼筒2~3倍；小苞片合生成坛状壳斗，完全包围子房，成熟时肉质；花冠黄白色，筒状漏斗形②，长1~1.3厘米，外有柔毛，基部具浅囊，裂片5；雄蕊5，稍伸出花冠之外；浆果蓝黑色，椭圆形③。

大兴安岭地区均有分布。生于河边、林缘、山坡灌丛。

**相似种：金花忍冬**【*Lonicera chrysantha*，忍冬科 忍冬属】树皮灰色，小枝无毛，叶菱状卵形④，花冠二唇形，初黄白色，后黄色，果实近球形，红色。产于塔河、呼玛、牙克石、阿尔山、科尔沁右翼前旗；生于沟谷、林下或林缘灌丛中。

蓝靛果忍冬叶矩圆形，浆果椭圆形，蓝黑色；金花忍冬叶菱状卵形，浆果近球形，红色。

# 鸡树条荚蒾　鸡树条子　五福花科/忍冬科　荚蒾属

*Viburnum opulus* subsp. *calvescens*

Sargent's European Cranberry　｜　jīshùtiáojiámí

落叶灌木①；单叶对生，卵形至阔卵圆形，长6～12厘米，宽5～10厘米，通常3浅裂②，基部圆形或截形，具掌状3出脉，中裂片长于侧裂片，先端渐尖或突尖，边缘具不整齐的大齿；叶柄粗壮，无毛，近端处有腺点；伞形聚伞花序顶生③，紧密多花，由6～8个小伞房花序组成，直径8～10厘米，能孕花在中央，外围有不孕的辐射花，总柄粗壮，长2～5厘米；花冠杯状，辐状开展，乳白色，5裂，直径5毫米；花药紫色；不孕花白色，直径1.5～2.5厘米，深5裂；核果球形④，直径8毫米，鲜红色；种子圆形，扁平。

产于呼玛、牙克石、鄂伦春旗。生于林下、沟谷、山坡灌丛。

鸡树条荚蒾单叶对生，3浅裂，聚伞花序顶生，花白色。

# 珍珠梅　山高粱　蔷薇科　珍珠梅属

*Sorbaria sorbifolia*

False spiraea　｜　zhēnzhūméi

灌木，枝条开展，小枝圆柱形；奇数羽状复叶①，具有小叶片13～21，光滑无毛；小叶片对生，相距1.5～2厘米，披针形至长圆披针形，先端渐尖，稀尾尖，基部圆形至宽楔形，边缘有尖锐重锯齿；圆锥花序顶生②，长10～20厘米，萼片三角状卵形；花瓣白色；雄蕊40～50，着生在花盘边缘；雌蕊5，有顶生弯曲花柱；蓇葖果长圆柱形，果序冬季不脱落③。

大兴安岭地区广泛分布。生于海拔200～1000米的林缘、疏林、溪流旁。

珍珠梅为灌木，奇数羽状复叶，小叶有重锯齿，花序顶生，圆锥花序，花白色。

## 金露梅 金老梅　蔷薇科 委陵菜属

**Potentilla fruticosa**

Shrubby Cinquefoil ｜ jīnlùméi

　　落叶灌木；分枝很多，树皮纵向剥落；小枝红褐色或灰褐色；羽状复叶密集，小叶3～7，通常5，长椭圆形、卵状披针形或矩圆状披针形，先端急尖，基部楔形，全缘，两面微有丝状长柔毛，下面较少；叶柄短，有柔毛；托叶膜质，披针形；花单生或数朵成伞房状；花黄色①，副萼片披针形，萼裂片卵形，花瓣圆形；瘦果密生长柔毛。

　　大兴安岭地区广泛分布。生于山坡草地、砾石坡、灌丛及林缘。

　　金露梅为灌木，羽状复叶密集，小叶5，全缘，花黄色，有副萼。

## 银露梅 银老梅　蔷薇科 委陵菜属

**Potentilla glabra**

Glabrous Cinquefoil ｜ yínlùméi

　　灌木①，树皮纵向剥落；小枝灰褐色或紫褐色，被稀疏柔毛；叶为羽状复叶，小叶通常5枚①；小叶片椭圆形，长0.5～1.2厘米，宽0.4～0.8厘米，顶端圆钝或急尖，基部楔形或几圆形，边缘平坦，全缘；托叶薄膜质；顶生单花或数朵②，花梗细长，被疏柔毛；花直径1.5～2.5厘米；萼片卵形，急尖或短渐尖，副萼片披针形、倒卵披针形或卵形，比萼片短或近等长③，外面被疏柔毛；花瓣白色，倒卵形，顶端圆钝④；花柱近基生，棒状，基部较细，在柱头下缢缩，柱头扩大；瘦果表面被毛。

　　产于呼玛、额尔古纳、根河、牙克石、阿尔山。生于高山草地、开阔地、岩石边及林缘。

　　银露梅为灌木，羽状复叶，小叶全缘，花顶生，白色，具副萼。

## 山刺玫 刺玫蔷薇 蔷薇科 蔷薇属

*Rosa davurica*

Dahurian Rose | shāncìméi

　　直立灌木，枝无毛；小枝及叶柄基部常有成对的皮刺，刺弯曲，基部大；羽状复叶①，矩圆形或长椭圆形，边缘近中部以上有锐锯齿，有白霜、柔毛和腺体；托叶大部附着于叶柄上；花单生或数朵聚生②，粉红色②；柱头刚伸出花托口部；果球形或卵形，红色③。

　　产于塔河、呼玛、黑河、额尔古纳、牙克石、鄂伦春旗、鄂温克旗、扎兰屯。多生于海拔200～800米的山坡向阳处或杂木林边、丘陵草地。

　　**相似种：刺蔷薇**【*Rosa acicularis*，蔷薇科 蔷薇属】灌木；有细直皮刺，常密生针刺；花单生或2～3朵集生；果梨形④，红色。产于塔河、呼玛、黑河、额尔古纳、根河、阿尔山；生于山坡向阳处、灌丛中或林下。

　　山刺玫皮刺弯曲，基部扩大，果实卵球形；刺蔷薇有细直皮刺，果实梨形。

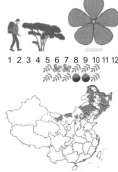

## 花楸 蔷薇科 花楸属

*Sorbus pohuashanensis*

Baihuashan Mountain Ash | huāqiū

　　小乔木①，小枝粗，圆柱形，有灰白色皮孔，幼时微生柔毛，暗红褐色或暗灰褐色；奇数羽状复叶②，小叶5～7对，小叶卵形至椭圆状卵形，边缘有不整齐的尖锐重锯齿，有时微浅裂，两面无毛或微生短柔毛；叶柄长1.5～3厘米，无毛或微具疏柔毛；复伞房花序有花6～25朵，总花梗和花梗有稀疏柔毛；花白色③，雄蕊20，花柱3；梨果椭圆形或卵形④，红色或橘红色，萼裂片宿存闭合。

　　产于塔河、呼玛、黑河、额尔古纳、根河、牙克石、阿尔山。常生于山坡或山谷杂木林内。

　　花楸为小乔木，奇数羽状复叶，小叶上有重锯齿，复伞房花序，花白色，梨果红色。

## 库页悬钩子　蔷薇科 悬钩子属
*Rubus sachalinensis*

Sachalin Raspberry ｜ kùyèxuángōuzǐ

　　直立灌木①；羽状三出复叶，互生，叶柄长2～8厘米，被卷曲柔毛与稀疏直刺，顶上小叶较两侧小叶大，卵卵形，先端渐尖，基部近心形，边缘有锯齿，上面绿色，下面被白色毡毛②；托叶锥形；伞房状花序，花直径1～2厘米，花萼外面密被卷曲柔毛、腺毛和针刺，萼筒碟状，萼片长三角形，顶端具长芒；花瓣5，白色③，倒披针形，长约8毫米；雄蕊多数；雌蕊多数，彼此分离，花柱近顶生；聚合果有多数红色小核果④。

　　大兴安岭地区广泛分布。生于林间灌丛、林间草地、林缘。

　　库页悬钩子为三出复叶，小叶下表面白色，花白色，果实红色。

## 黄檗　黄菠萝　芸香科 黄檗属
*Phellodendron amurense*

Amur Corktree ｜ huángbò

　　落叶乔木，枝广展；树皮浅灰或灰褐色①，有深沟裂，木栓质很发达，内皮鲜黄色；小枝棕褐色，无毛；奇数羽状复叶②，对生；小叶5～13，卵状披针形至卵形，长5～12厘米，宽3～4.5厘米，顶端长渐尖，基部宽楔形，边缘有细钝锯齿，有缘毛，下面中脉基部有长柔毛；花小，5数，雌雄异株，排成顶生聚伞状圆锥花序③；雄花的雄蕊较花瓣长，花丝线形，基部被毛，退化雄蕊小；雌花的退化雄蕊鳞片状，子房有短柄；果为浆果状核果④，黑色，有特殊香气与苦味。

　　产于嫩江、黑河、鄂伦春旗、扎兰屯。多生于山地杂木林中或山区河谷沿岸。

　　黄檗为乔木，树皮软，内皮鲜黄色，奇数羽状复叶对生，小叶全缘，具香气，核果黑色。

# 胡枝子 <small>苕条</small> 豆科 胡枝子属

## *Lespedeza bicolor*

**Shrub Lespedeza** | húzhīzi

直立灌木，多分枝，小枝黄色或暗褐色，有条棱，被疏短毛；芽卵形，羽状复叶具3小叶①；托叶线状披针形，小叶质薄，卵形、倒卵形或卵状长圆形，总状花序腋生，较叶长；花冠紫红色②，荚果斜倒卵形③，稍扁。

产于塔河、黑河、牙克石、鄂伦春旗、扎兰屯。生于海拔300～1800米的山坡、林缘、路旁、灌丛及杂木林间。

**相似种：兴安胡枝子【*Lespedeza davurica*，豆科 胡枝子属】**三出复叶，顶生小叶披针状矩形，先端圆钝，有短尖，基部圆形；托叶条形；总状花序腋生④，短于复叶；花冠黄绿色；荚果倒卵状矩形。产于呼玛、陈巴尔虎旗、阿荣旗、扎兰屯；生于海拔500～700米的山坡灌丛、荒地。

胡枝子总状花序长于复叶，花冠紫红色；兴安胡枝子总状花序短于复叶，花冠黄绿色。

# 苦参 豆科 苦参属

## *Sophora flavescens*

**Shrubby Sophora** | kǔshēn

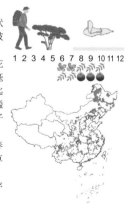

草本或亚灌木；幼枝有疏毛，后变无毛；羽状复叶长20～25厘米，小叶25～29，披针形至条状披针形，稀椭圆形，长3～4厘米，宽1.2～2厘米，先端渐尖，基部圆形，下面密生平贴柔毛；总状花序顶生①，长约15～20厘米；萼钟状，长约6～7毫米，有疏短柔毛或近无毛；花冠淡黄色②，旗瓣匙形，翼瓣无耳；荚果长约5～8厘米，于种子间微缢缩，呈不明显的串珠状③，疏生短柔毛，有种子1～5粒。

产于黑河、额尔古纳、根河、牙克石、鄂伦春旗、扎兰屯、科尔沁右翼前旗。生于山坡、沙地草坡灌木林中及田野附近。

苦参为奇数羽状复叶，小叶披针形，总状花序顶生，花淡黄色，荚果串珠状。

# 水曲柳 木樨科 梣属

**Fraxinus mandshurica**

Manchurian Ash ｜ shuǐqūliǔ

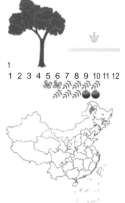

1 2 3 4 5 6 7 8 9 10 11 12

大乔木，树冠卵形①，树皮灰褐色，老时呈较规则的纵向浅裂②；小枝略呈四棱形，无毛，有皮孔；冬芽卵球形，黑色；奇数羽状复叶，对生③，叶轴有狭翅；小叶7～11枚，无柄或近于无柄，卵状矩圆形至椭圆状披针形，顶端长渐尖，基部楔形或宽楔形，不对称，边缘有锐锯齿，上面暗绿色，无毛或疏生硬毛，下面沿脉和小叶基部密生黄褐色茸毛；圆锥花序生于去年生小枝上，花序轴有狭翅；花单性异株，无花冠；翅果扭曲，矩圆状披针形④，无宿存萼片。

产于呼玛、黑河。生长于山坡疏林中或河谷平缓山地。

水曲柳为乔木，冬芽黑色，奇数羽状复叶对生，叶轴有沟槽，单翅果。

# 东北接骨木 马尿骚 五福花科/忍冬科 接骨木属

**Sambucus manshurica**

Manchurian Elder ｜ dōngběijiēgǔmù

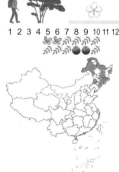

1 2 3 4 5 6 7 8 9 10 11 12

落叶灌木①；树皮红灰色，枝条无毛；芽卵状三角形；叶为奇数羽状复叶③，对生，小叶5～7，长圆形，先端渐尖，边缘有细锯齿；顶生圆锥花序②，无毛，密花，花序分枝细，最下的一对分枝常向下斜展；花黄绿色；核果球形③，红色。

大兴安岭地区广泛分布。生于海拔1300米以下的落叶阔叶林中、林缘。

**相似种：毛接骨木【Sambucus buergeriana，五福花科/忍冬科 接骨木属】**幼枝和叶柄有柔毛；奇数羽状复叶对生，小叶长圆形；圆锥花序顶生④，密花，花梗有毛；果实球形，红色。产于呼玛、根河、阿尔山、科尔沁右翼前旗；生于河流附近、疏林下采伐迹地。

东北接骨木小枝、叶柄、花序无毛；毛接骨木有毛。

1 2 3 4 5 6 7 8 9 10 11 12

## 葎草 拉拉秧 大麻科/桑科 葎草属

*Humulus scandens*

Japanese Hop | lǜcǎo

缠绕草本①，茎枝和叶柄有倒刺；叶纸质，对生，叶片近肾状五角形，直径7～10厘米，掌状深裂②，裂片(3)5～7，边缘有粗锯齿，两面有粗糙刺毛，下面有黄色小腺点；叶柄长5～20厘米；花单性，雌雄异株；雄花小，淡黄绿色，排列成长15～25厘米的圆锥花序③，花被片和雄蕊各5；雌花排列成近圆形的穗状花序，每2朵花外具1卵形、有白刺毛和黄色小腺点的苞片，花被退化为1全缘的膜质片；瘦果淡黄色，扁圆形④。

产于牙克石、科尔沁右翼前旗。生于沟边和路旁、荒地、村庄附近。

葎草为草质藤本，有倒钩刺，单叶对生，掌状分裂，圆锥花序顶生。

## 五味子 山花椒 五味子科/木兰科 五味子属

*Schisandra chinensis*

Five-flavor berry | wǔwèizǐ

藤本：皮红褐色，分枝少：单叶互生，倒卵形或椭圆形①，先端渐尖或尖，基部狭楔形或宽楔形，雌雄异株：雄花花被片白色或淡黄色②；花托椭圆体形；雄蕊群球形，具雄蕊30～70枚；雄蕊长1～2毫米；雌花花被片与雄花相似，雌蕊心皮离生，集合排在凸起的花托上，果期花托伸长成聚合果③；小浆果红色，球形④；种子肾形或肾状椭圆形。

产于呼玛、嫩江、黑河、五大连池、牙克石、鄂伦春旗、科尔沁右翼前旗。生于林下、山沟溪流边。

五味子为木质藤本，单叶互生，叶肉质，有气味，花白色，聚合果，红色。

## 卷茎蓼 蔓蓼 蓼科 何首乌属

*Fallopia convolvulus*

Wild buckwheat | juǎnjīngliǎo

一年生草本；茎缠绕①、细弱①，有不明显的条棱，常分枝；叶卵形或心形②，有柄；花序总状，腋生或顶生，花稀疏，下部间断，有时成花簇，生于叶腋；苞片长卵形，顶端尖；花被淡绿色③，边缘白色，长达3毫米，5浅裂；雄蕊8，比花被短；瘦果椭圆形，具3棱，密被小颗粒，无光泽，包于宿存花被内。

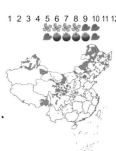

产于呼玛、额尔古纳、陈巴尔虎旗、牙克石、鄂温克旗、阿荣旗、科尔沁右翼前旗。生于海拔200～700米的山坡草地、山谷灌丛、沟边湿地。

卷茎蓼茎缠绕，细弱，常分枝，叶卵形，花序总状，花稀疏，下部间断，花被淡绿色。

## 扛板归 杠板归 穿叶蓼 蓼科 蓼属

*Persicaria perfoliata*

Asiatic Tearthumb | kángbǎnguī

一年生，茎攀缘，多分枝；茎有棱角，红褐色，茎及叶柄具倒生钩刺；叶柄盾状着生；叶片三角形①，长4～6厘米，下部宽5～8厘米，顶端略尖，基部截形或近心形，上面无毛，下面沿叶脉疏生钩刺；托叶鞘草质，近圆形，抱茎；花序穗状，顶生或腋生；苞片圆形；花白色或淡红色；花被5深裂，裂片在果时增大，肉质，变为深蓝色②③；雄蕊8；花柱3；瘦果球形，黑色，有光泽。

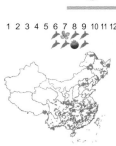

产于扎兰屯、科尔沁右翼前旗。生于山谷灌木丛中和水沟旁。

扛板归叶柄盾状着生，叶片三角形，托叶近圆形，抱茎，果实深蓝色。

# 蔓乌头　毛茛科　乌头属

*Aconitum volubile*

Twining Monkshood | mànwūtóu

茎缠绕，无毛或上部疏被反曲短柔毛，分枝；茎中部叶有长柄或稍长柄；叶片坚纸质，五角形，长7～9厘米，宽8～10厘米，基部心形，3全裂②，中央全裂片通常具柄，菱状卵形，渐尖，近羽状深裂，二回裂片约3～4对，最下面的二回裂片较大，狭菱形；叶柄长为叶片的1/2或2/3；花序顶生或腋生，有3～5花，轴和花梗密被淡黄色伸展的短柔毛；基部苞片三裂；萼片蓝紫色③，外面被伸展的短柔毛，上萼片高盔形；花瓣无毛，距向后弯曲；雄蕊无毛，花丝全缘；心皮5，子房被伸展的短柔毛。蓇葖果长1.5～1.7厘米；种子狭倒金字塔形，密生横膜翅。

产于呼玛。生于山地草坡或林中。

蔓乌头茎缠绕，茎中部叶有长柄，叶片3全裂，中央裂片有柄，花序顶生，花蓝紫色。

# 林地铁线莲　短尾铁线莲　毛茛科　铁线莲属

*Clematis brevicaudata*

Shortplume Clematis | líndìtiěxiànlián

藤本；枝条褐紫色，疏生短毛；叶对生，为二回三出或羽状复叶①；小叶卵形至披针形，先端渐尖或长渐尖，基部圆形，边缘疏生粗锯齿，有时3裂，近无毛；叶柄有微柔毛；圆锥花序顶生或腋生，通常比叶短；萼片4，展开，白色①②，狭倒卵形，两面均有短绢状柔毛，毛在内面较稀疏；无花瓣；雄蕊和心皮均多数；瘦果卵形，密生短柔毛，羽毛状花柱③。

产于鄂伦春旗、鄂温克旗、科尔沁右翼前旗。生于山地灌丛中或疏林中。

林地铁线莲叶对生，为二回三出或羽状复叶，圆锥花序，花白色。

# 紫花铁线莲　毛茛科 铁线莲属

*Clematis fusca* var. *violacea*

Violaceous Clematis ｜ zǐhuātiěxiànlián

　　藤本，茎暗紫色，无毛；一回羽状复叶对生，小叶全缘；聚伞花序1～3花①，腋生，花梗及萼片外面无毛或被茸毛，萼片4枚，暗紫红色②；瘦果扁平，棕色，宽倒卵形，长达7毫米，宽5毫米，边缘增厚，被稀疏短柔毛，宿存花柱长达3厘米，被开展的黄色柔毛③。

　　产于嫩江、黑河、鄂伦春旗。生于路旁灌丛中。

　　**相似种：长瓣铁线莲【***Clematis macropetala***，毛茛科 铁线莲属】**藤本；为二回三出复叶，小叶具柄，叶卵状披针形或菱状椭圆形；花单生于当年生枝顶端④，萼片蓝色；雄蕊花丝线形；瘦果倒卵形。产于塔河、呼玛、鄂伦春旗、阿尔山；生于荒山坡、草坡岩石缝中及林下。

　　紫花铁线莲一回羽状复叶，萼片暗紫红色；长瓣铁线莲二回羽状复叶，萼片蓝色。

# 西伯利亚铁线莲　毛茛科 铁线莲属

*Clematis sibirica*

Siberian Clematis ｜ xībólìyàtiěxiànlián

　　亚灌木；茎圆柱形，光滑无毛；二回三出复叶，小叶片卵状椭圆形或窄卵形①，纸质，长3～6厘米，宽1.2～2.5厘米，顶端渐尖，基部楔形；叶柄长3～5厘米，有疏柔毛；单花，与二叶同自芽中伸出，花梗长6～10厘米；花钟状下垂，直径3厘米；萼片4枚，淡黄色②③，长方椭圆形或狭卵形，长3～6厘米，宽1～1.5厘米，质薄，脉纹明显，外面有稀疏短柔毛，内面无毛；花丝扁平，中部增宽，两端渐狭，被短柔毛，花药长方椭圆形；子房被短柔毛，花柱被绢状毛；瘦果倒卵形，微被毛，宿存花柱长3～3.5厘米，有黄色柔毛④。

　　产于呼玛、根河、牙克石、鄂伦春旗、阿尔山。生于林缘、路旁。

　　西伯利亚铁线莲二回三出复叶，单花，与二叶同自芽中伸出，淡黄色，花柱有黄色柔毛。

# 蝙蝠葛 山豆根 防己科 蝙蝠葛属

*Menispermum dauricum*

Asian Moonseed | biānfúgě

草质落叶藤本；小枝带绿色，有细纵条纹；叶圆肾形或卵圆形①，边缘近全缘或3～7浅裂，下面苍白色，掌状脉5～7条；叶柄盾形着生；花单性，雌雄异株；花序圆锥状①，腋生；花黄绿色；雄花萼片6枚左右，覆瓦状排列；花瓣6～8，卵形，边缘稍内卷，较萼片小；雄蕊12或更多，花药球形；果实核果状②③，圆肾形，成熟时黑紫色；种子圆肾形，黄褐色④。

产于五大连池、牙克石、鄂伦春旗、鄂温克旗、扎兰屯、科尔沁右翼前旗。生于沟谷灌丛、采伐迹地。

蝙蝠葛为缠绕藤本，叶圆肾形，叶柄盾状着生，圆锥花序，花黄绿色。

# 野大豆 落豆秧 豆科 大豆属

*Glycine soja*

Wild Soybean | yědàdòu

一年生缠绕草本，茎细弱①，各部有黄色长硬毛；三出复叶，顶生小叶卵状披针形②，长3.5～6厘米，宽1～2.5厘米，先端急尖，基部圆形，两面生白色短柔毛，侧生小叶斜卵状披针形；托叶卵状披针形，急尖，有黄色柔毛；总状花序腋生；花梗密生黄色长硬毛；花萼钟状，密生长毛，裂片5，三角状披针形；花冠紫红色②，长约4毫米；荚果长圆形③，长约3厘米，密生黄色长硬毛；种子2～4粒，黑色。

产于额尔古纳、呼玛、塔河、讷河、嫩江、黑河。生于灌丛、河边或湖边湿草地。

野大豆为草质藤本，三出复叶，小叶披针形，花冠紫红色，荚果长圆形。

# 裂瓜　葫芦科 裂瓜属

*Schizopepon bryoniifolius*

Split melon ｜ lièguā

一年生攀缘草本；枝细弱，卷须丝状，中部以上二歧；叶柄细，有时被短柔毛，与叶片近等长或稍长，长4～13厘米；叶片卵状圆形或阔卵状心形①，膜质，掌状脉；花极小，两性，单生于叶腋或3～5朵密聚生于短缩的花序轴的上端，形成总状花序；花序轴纤细，被微柔毛，长1～1.5厘米；单生花的花梗长0.5～1厘米，生于花序上的花梗短，丝状，几无毛，长1.5～2.5毫米；花萼裂片披针形；花冠辐状②，白色；雄蕊3；子房卵形，花柱短，柱头3；果实阔卵形③；种子卵形④，长约9毫米，宽约5.5毫米，压扁形，顶端截形，边缘有不规则的齿。

产于呼玛、黑河。生于山沟林下或水沟旁。

裂瓜为草质藤本，卷须二歧分枝，花小，白色，密集成总状花序，果实阔卵形。

# 茜草　茜草科 茜草属

*Rubia cordifolia*

Indian Madder ｜ qiàncǎo

草质攀缘藤本①；根紫红色或橙红色；小枝有明显的4棱，棱上有倒生小刺；叶4～8(12)片轮生，纸质，卵形至卵状披针形②，顶端渐尖，基部圆形至心形，上面粗糙，下面脉上和叶柄常有倒生小刺，基出脉3或5条；叶柄长短不齐；聚伞花序通常排成圆锥状，腋生和顶生；花小，黄白色，5数；花冠辐状；浆果近球状，成熟时黑色或橘黄色③。

产于额尔古纳、陈巴尔虎旗、牙克石、鄂伦春旗、鄂温克旗、科尔沁右翼前旗。生于林缘、灌丛、路旁、山坡草地。

茜草为草质藤本，有倒钩刺，叶轮生，叶柄长短不齐，圆锥花序，花黄白色。

# 宽叶打碗花　旋花科　打碗花属
## *Calystegia sepium* var. *communis*
Common Bindweed　|　kuānyèdǎwǎnhuā

多年生草本；茎缠绕或匍匐，有棱角，分枝；叶互生，正三角状卵形，顶端急尖，基部箭形或戟形，两侧具浅裂片或全缘；花单生叶腋，具棱角；苞片2，佝偻形，卵状心形，顶端钝尖或尖；萼片5，卵圆状披针形，顶端尖；花冠漏斗状，粉红色①，5浅裂；雄蕊5，花丝基部有细鳞毛；子房2室，柱头2裂；蒴果球形；种子黑褐色，卵圆状三棱形。

产于呼玛、黑河、额尔古纳。生于海拔700米以下的山坡、路旁稍湿地、荒地。

宽叶打碗花为草质藤本，叶互生，基部箭形或戟形，花单生，粉红色。

# 日本菟丝子　金灯藤　旋花科　菟丝子属
## *Cuscuta japonica*
Japanese Dodder　|　rìběntùsīzǐ

一年生寄生草本①；茎较粗壮，黄色②，常带紫红色瘤状斑点，多分枝，无叶；花序穗状，基部常多分枝；苞片及小苞片鳞片状，卵圆形，顶端尖；花萼碗状，长约2毫米，5裂，裂片卵圆形，相等或不等，顶端尖，常有紫红色瘤状突起；花冠钟状，绿白色，长3～5毫米，顶端5浅裂，裂片卵状三角形；雄蕊5，花药卵圆形，花丝无或几无；鳞片5，矩圆形，边缘流苏状；子房2室，花柱长，合生为一，柱头2裂；蒴果卵圆形③，近基部盖裂，长约5毫米；种子1～2个，光滑，褐色④，长约0.3～0.5厘米。

产于额尔古纳、根河。寄生于豆科、菊科及藜科植物上。

日本菟丝子茎较粗壮、黄色、无叶，花穗状，花冠绿白色，蒴果卵圆形。

# 白屈菜 山黄连 罂粟科 白屈菜属

*Chelidonium majus*

Greater Celandine | báiqūcài

多年生草本，具有黄色汁液；茎分枝，有短柔毛，后变为无毛；叶互生，羽状全裂①，全裂片2～3对，不规则深裂，深裂片边缘具有不整齐缺刻，上面近无毛，下面疏生短柔毛，有白粉；花数朵，近伞状排列；苞片小，卵形；萼片2，早落；花瓣4，黄色②，倒卵形，无毛；雄蕊多数；雌蕊无毛；蒴果条状圆筒形③；种子卵球形，有网纹④。

产于呼玛、黑河、额尔古纳、根河、牙克石、鄂伦春旗、阿尔山。生于沟旁、山谷湿地、荒地、村庄附近。

白屈菜为草本，具有黄色汁液，叶互生，羽状全裂，花黄色，蒴果条状圆筒形。

# 野罂粟 山罂粟 罂粟科 罂粟属

*Papaver nudicaule*

Iceland Poppy | yěyīngsù

多年生草本，全株被硬毛，有白色乳汁；主根圆柱形，木质化，黑褐色；基生叶丛生①，具长柄，长约5厘米；叶片长卵圆形，二回羽状深裂，两面被硬伏毛；花葶自基部生出①，高25～55厘米，远较叶为长，被伸展或贴状的硬毛；花单一，顶生②；花萼2，广卵形，长1.5～1.7厘米，被棕灰色硬毛；花瓣4，倒卵形，内轮2个较小，橙黄色或黄色；雄蕊多数③，花丝丝状，长约1厘米，花药长圆形，黄色，长约1.5毫米；子房倒卵形，被硬毛；蒴果长圆形或倒卵状球形，长约18毫米，宿存盘状柱头具有6个辐射状裂片，密生硬毛；种子细小，多数。

产于呼玛、额尔古纳、根河、牙克石、鄂伦春旗、阿尔山。生于草甸、向阳山坡草地。

野罂粟具有白色乳汁，叶基生，羽状分裂，花黄色，单生。

# 北方庭荠 光果庭荠 十字花科 庭荠属

***Alyssum lenense***

Linearleaf Alyssum | běifāngtíngjì

多年生草本；茎基部木质，铺散，多分枝①，灰色；叶无柄，叶片长圆状条形或长圆状披针形②，先端急尖，全缘，灰绿色，两面有星状毛；总状花序顶生，具多数密生花，花后延长；花黄色③；花瓣宽倒卵状矩圆形③，基部有爪；短角果圆形或椭圆倒卵形，扁平，有星状毛，裂片边缘平，中部凸起；果梗近于水平伸展；种子卵圆形，长2毫米，宽1.5毫米。

产于根河、额尔古纳。生于草坡、沙地、陡坡。

北方庭荠的叶无柄，叶片长圆状条形或长圆状披针形，总状花序顶生，花黄色。

# 播娘蒿 十字花科 播娘蒿属

***Descurainia sophia***

Herb Sophia | bōniánghāo

一年生草本，有叉状毛；茎直立，多分枝，密生灰色柔毛；叶狭卵形，长3～8厘米，宽2～2.5厘米，二回至三回羽状深裂①，末回裂片窄条形或条状矩圆形，长3～5毫米，宽1～1.5毫米，下部叶有柄，上部叶无柄；花淡黄色①，直径约2毫米；萼片4，直立，早落，条形，外面有叉状细柔毛；花瓣4，淡黄色，长2～2.5毫米；长角果窄条形②，长2～3厘米，宽约1毫米，无毛；果梗长1～2厘米；种子1行，矩圆形至卵形，长1毫米，褐色，有细网纹。

产于呼玛、根河、牙克石、阿尔山。生于山坡、田野。

播娘蒿的茎多分枝，叶羽状分裂，花淡黄色，长角果窄条形。

# 葶苈 十字花科 葶苈属

*Draba nemorosa*

Woodland Draba | tínglì

一年生草本，全株具星状毛；茎不分枝或下部分枝；基生叶呈莲座状，倒卵状矩圆形，长2～3厘米，宽2～5毫米，边缘具疏齿或几全缘；叶柄长2～3毫米；茎生叶卵形至卵状披针形，边缘具不整齐齿状浅裂，两面密生灰白色柔毛和星状毛；总状花序顶生；花黄色①②，直径2毫米；短角果近水平展出，矩圆形或椭圆形③，长6～8毫米，有短柔毛或近无毛，花柱不存；果梗长8～20毫米；种子细小，卵形④，淡褐色。

产于漠河、呼玛、讷河、黑河。生于田野、路旁及村庄附近。

*葶苈的基生叶呈莲座状，总状花序，花黄色，短角果矩圆形。*

# 糖芥 十字花科 糖芥属

*Erysimum amurense*

Orange Sugarmustard | tángjiè

一年生或二年生草本，密生伏贴二叉状毛；茎不分枝或上部分枝①，具棱角；叶披针形或矩圆状条形，基生叶具叶柄；上部叶无柄，基部近抱茎，边缘具疏生波状齿或近全缘；总状花序顶生②，花橘黄色③，直径约1厘米；雄蕊6，近等长；长角果条形，略呈四棱形，先端具短喙，裂片具隆起中肋；种子1行，矩圆形，侧扁，长约2.5毫米，深红褐色。

产于呼玛、黑河。生于山坡草地。

*糖芥的叶为披针形，总状花序顶生，花橘黄色。*

# 球果蔊菜 风花菜 十字花科 蔊菜属

*Rorippa globosa*

Globe Yellowcress | qiúguǒhàncài

一年生草本；茎直立，分枝，基部木质化，下部有毛；叶矩圆形或倒卵状披针形①，先端渐尖，或圆钝具短尖头，基部抱茎；总状花序顶生①；花黄色②，直径1毫米；果实球形，直径约2毫米，无毛，顶端有短喙；果梗长3～4毫米；种子多数，细小，卵形，淡绿色，一端微凹，表面有纵沟。

产于塔河、阿尔山。生于路旁或沟边、河岸、湿地，较干旱地方也能生长。

**相似种：风花菜**【*Rorippa palustris*，十字花科蔊菜属】**基生叶多数，具柄；叶片羽状深裂或大头羽裂③；花黄色；短角果长圆形④；种子每室2行，多数，褐色，细小。产于呼玛、额尔古纳、扎兰屯；生于潮湿环境或近水处、溪岸、路旁、田边、山坡草地及草场。

**球果蔊菜**叶不分裂，短角果球形；**风花菜**叶大头羽状分裂，短角果长圆形。

# 互叶金腰 互叶猫眼草 虎耳草科 金腰属

*Chrysosplenium alternifolium*

Alternate-leaved Gold-saxifrage | hùyèjīnyāo

多年生草本；具白色纤细的地下匍匐枝，其上有少数白色鳞片状叶；基生叶具长柄，叶片肾形至圆状肾形①，叶疏生柔毛；茎生叶1～2枚，肾形，多少具柔毛，叶柄疏生褐色柔毛；聚伞花序紧密②；苞叶卵形、近阔卵形至扁圆形，无毛，柄疏生柔毛；花鲜黄色③；萼片4，近圆形至阔卵形，雄蕊8，甚短；花盘肉质，子房半下位与萼筒愈合，花柱直立或叉开；花盘不存在；蒴果先端微凹，种子椭圆形，黑棕色④。

大兴安岭地区广泛分布。生于沟谷、溪流旁、林下、林缘。

互叶金腰有匍匐枝，叶片肾形，叶互生，茎生叶1～2枚，聚伞花序，花鲜黄色。

# 蓬子菜　茜草科 拉拉藤属
*Galium verum*
Yellow Spring Bedstraw ｜ péngzǐcài

1 2 3 4 5 6 7 8 9 10 11 12

　　多年生近直立草本，基部稍木质；茎近四棱形，被短柔毛；叶6～10片轮生，无柄，条形①，顶端急尖，边缘反卷，上面稍有光泽，仅下面沿中脉两侧被柔毛，干时常变黑色；聚伞花序顶生和腋生，通常在茎顶结成带叶的圆锥花序状②，稍紧密；花小，黄色③，有短梗；花萼小，无毛；花冠辐状，裂片卵形；果小，果片双生，近球状，无毛。

　　大兴安岭地区广泛分布。生于草甸、林下、林缘和山坡草地。

　　蓬子菜叶为条形，轮生，圆锥花序大，花黄色。

# 驴蹄草　驴蹄菜　毛茛科 驴蹄草属
*Caltha palustris*
Marsh-marigold ｜ lǘtícǎo

1 2 3 4 5 6 7 8 9 10 11 12

　　多年生草本；基生叶丛生，具长柄，叶片肉质，肾形，基部心形①，先端钝圆，边缘近全缘；茎生叶少数，与基生叶同形；花生于茎顶或各分枝的顶端；萼片5～6，黄色②，倒卵状椭圆形；心皮4～13，镰刀状弯曲，果喙明显；种子狭卵球形，黑色。

　　产于塔河、呼玛、额尔古纳、根河、牙克石、阿尔山、科尔沁右翼前旗。通常生于河边湿地、浅水中、山谷溪流旁和湿草地。

　　**相似种：薄叶驴蹄草【*Caltha membranacea*，毛茛科 驴蹄草属】**叶近膜质，圆肾形或三角状肾形，基部深心形，先端钝圆，具明显牙齿③；花顶生，黄色④。产于塔河、呼玛、黑河、额尔古纳、根河、牙克石、阿尔山、科尔沁右翼前旗；生于阔叶林下、湿地、溪流旁。

　　驴蹄草叶片肉质，近全缘；薄叶驴蹄草叶片膜质，具明显牙齿。

1 2 3 4 5 6 7 8 9 10 11 12

## 蓝堇草 兰堇菜 毛茛科 蓝堇草属
*Leptopyrum fumarioides*

Common Leptopyrum | lánjǐncǎo

一年生小草本；茎1～9(17)条，分枝，无毛或几无毛；基生叶通常为二回三出复叶，无毛，具长柄；茎生叶3全裂①，裂片又2至3裂，小裂片狭倒卵形；茎生叶1～2，有时无；单歧聚伞花序具2至数花；苞片叶状；花梗近丝形；花无毛；萼片5，淡黄色②，椭圆形；花瓣2～3，漏斗状，长约1毫米；雄蕊10～15；心皮6～20；蓇葖果狭长③。

产于额尔古纳、根河、牙克石、扎兰屯、阿尔山。生于田边或干燥草地。

蓝堇草的茎多分枝，叶通常为二回三出复叶，灰绿色，无毛，花淡黄色，蓇葖果狭长。

## 茴茴蒜毛茛 茴茴蒜 毛茛科 毛茛属
*Ranunculus chinensis*

Chinese Buttercup | huíhuí suànmáogèn

多年生草本，被淡黄色糙毛；叶为二回三出复叶①；花瓣黄色，宽倒卵形；聚合果近矩圆形②；瘦果扁。

产于呼玛、额尔古纳、鄂伦春旗、扎兰屯、科尔沁右翼前旗。生于溪边或湿草地。

**相似种：毛茛【***Ranunculus japonicus***，毛茛科 毛茛属】**下部叶具长柄，单叶深裂③；花黄色；聚合果近球形。产于额尔古纳、根河、牙克石、鄂温克旗、阿荣旗、扎兰屯、阿尔山；生于湿草地、水边、沟谷、山坡草地、林下。**单叶毛茛【***Ranunculus monophyllus***，毛茛科 毛茛属】**基生叶圆肾形，茎生叶深裂，叶裂片披针形④，聚合果卵形。产于呼玛、牙克石、阿尔山、科尔沁右翼前旗；生于塔头甸子、湿草甸、林缘、灌丛。

茴茴蒜毛茛具复叶，被糙毛；毛茛单叶深裂，被柔毛；单叶毛茛单叶深裂，叶裂片披针形，无毛。

# 小叶毛茛　小掌叶毛茛　毛茛科 毛茛属

*Ranunculus gmelinii*

Gmelin Buttercup　| xiǎoyèmáogèn

多年生水生小草本；茎细长柔弱，多节，节上生根长叶；叶肾状圆形，3～5浅裂①，裂片再分裂成2～3个小裂片，小裂片条形或丝状；花单生于茎顶或分枝顶端，花黄色②，花瓣5；聚合果长圆形；瘦果卵球形。

大兴安岭地区广泛分布。生于水中沼泽地或水沟中。

**相似种：浮毛茛**【*Ranunculus natans*，毛茛科毛茛属】叶片肾形，3浅裂③；花单生，花黄色。产于呼玛、额尔古纳、根河、阿尔山、科尔沁右翼前旗；生于山谷溪沟浅水中或沼泽湿地。**石龙芮**【*Ranunculus sceleratus*，毛茛科 毛茛属】叶片圆肾形，3～5深裂，裂片楔形；聚伞花序多花，黄色，聚合果矩圆形④。大兴安岭地区广泛分布；生于湿地。

小叶毛茛叶3～5浅裂，小裂片条形；浮毛茛叶3浅裂，裂片钝圆；石龙芮叶3～5深裂，裂片楔形。

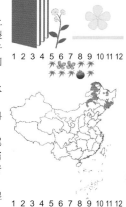

# 匍枝毛茛　匍枝毛茛　毛茛科 毛茛属

*Ranunculus repens*

Creeping Buttercup　| púzhīmáogèn

多年生草本；须根发达；茎粗壮，具槽，有匍匐枝；基生叶具长柄，三出复叶①，小叶具柄，3裂，基部楔形；茎生叶与基生叶形状相似，叶柄较短；花多数，被伏毛；花黄色②，有光泽；萼片5，卵形，具脉纹；花瓣5，倒卵形；聚合果球形，瘦果倒卵形，两面扁，无毛，具不明显的凹点，果咀稍弯。

大兴安岭地区广泛分布。生于河边湿地、草甸。

**相似种：东北大叶毛茛**【*Ranunculus grandis* var. *manshuricus*，毛茛科 毛茛属】植株被毛，其地下匍匐枝；单叶掌状分裂③，叶较大；花黄色④。产于牙克石、根河、额尔古纳；生于林缘、草地。

匍枝毛茛叶为三出复叶；东北大叶毛茛为单叶掌状分裂。

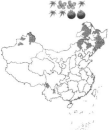

# 荇菜 莕菜 睡菜科/龙胆科 荇菜属

**Nymphoides peltatum**

Shield Floatingheart | xìngcài

多年生水生草本；茎圆柱形，多分枝，沉水中，具不定根，又于水底泥中生地下茎，匍匐状；叶漂浮，圆形①，近革质，长1.5～7厘米，基部心形，上部的叶对生，其他的为互生；叶柄长5～10厘米，基部变宽，抱茎；花序束生于叶腋；花黄色②，直径达3～5厘米，花梗稍长于叶柄；花萼5深裂，裂片卵圆状披针形；花冠5深裂③，喉部具毛，裂片卵圆形，钝尖，边缘具齿毛；雄蕊5，花丝短，花药狭箭形；子房基部具5蜜腺，花柱瓣状2裂；蒴果长椭圆形④，直径2.5厘米；种子边缘具纤毛。

产于呼玛、额尔古纳。生于池塘或不甚流动的河溪中。

荇菜叶漂浮，圆形，近革质；花序束生于叶腋，花黄色。

# 长柱金丝桃 金丝桃科 金丝桃属

**Hypericum ascyron**

Longstyle St. John's wort | chángzhùjīnsītáo

多年生草本；茎有四棱；叶对生，宽披针形，长5～9厘米，宽1.2～3厘米，顶端渐尖，基部抱茎，无柄；花数朵成顶生的聚伞花序；花黄色①，直径2.8厘米；萼片5，卵圆形；雄蕊5束；花柱长②，在中部以上5裂；蒴果圆锥形，长约2厘米。

产于呼玛、嫩江、黑河、额尔古纳、根河、牙克石、科尔沁右翼前旗。生于灌丛、河边湿地、山坡草地、林缘、湿草地、溪流旁。

**相似种：短柱金丝桃【***Hypericum gebleri***，金丝桃科 金丝桃属】**单叶全缘，对生，近革质，叶长圆状卵形，抱茎，无叶柄；花黄色③；雄蕊5束；子房棕褐色，花柱自基部5裂④。产于呼玛、牙克石、科尔沁右翼前旗；生于山坡灌丛中或林缘处。

长柱金丝桃花柱长，在中部以上5裂；短柱金丝桃花柱短，在基部5裂。

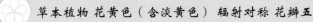

# 乌腺金丝桃 赶山鞭 金丝桃科 金丝桃属

*Hypericum attenuatum*

Atteuate St. John's wort | wūxiànjīnsītáo

多年生草本；茎圆柱形，常有两条突起的纵肋且散生黑色腺点或黑点②；叶卵形、矩圆状卵形或卵状矩圆形①，长1.5～3.5厘米，宽0.4～1厘米，基部渐狭，无柄，两面及边缘散生黑腺点；花多数，成圆锥状花序或聚伞花序；萼片5，顶端急尖，表面及边缘有黑腺点；花瓣5，淡黄色①，沿表面及边缘有稀疏的黑腺点；雄蕊多数；花柱3个，分离；蒴果卵圆形或卵状长椭圆形②。

产于呼玛、黑河、额尔古纳、牙克石、阿尔山。生于田野、半湿草地、草原、山坡草地、石砾地、草丛、林内及林缘等处。

乌腺金丝桃的植物体散生黑色腺点，茎有纵肋，叶卵形，无柄，花多数，黄色。

# 黄花瓦松 景天科 瓦松属

*Orostachys spinosa*

Spinose Orostachys | huánghuāwǎsōng

二年生草本；第一年仅有莲座叶，密生叶，叶矩圆形①，顶端有一个半圆形白色软骨质的边，中央有一长2～4毫米的刺。花茎于第二年生出，长10～30厘米，基部密生叶；叶宽条形至倒披针形，长1～3厘米，宽2～5毫米，渐尖，顶端有软骨质的刺；花序顶生，穗状，狭长，长5～20厘米，花密生；萼片5，卵形，长2～3毫米，锐渐尖；花瓣5，绿黄色②，长圆形，长5～7毫米，渐尖；雄蕊10，较花瓣稍长，花药黄色；心皮5；蓇葖果椭圆状披针形，长5～6毫米，直立，基部狭。

产于额尔古纳、根河、牙克石、鄂伦春旗、鄂温克旗、扎兰屯。生于海拔400～600米的山坡石缝、林下岩石上、屋顶上。

黄花瓦松的基生叶莲座状，叶矩圆形，顶端有刺，花序顶生，穗状密生，花绿黄色。

# 费菜 土三七 景天科 景天属

*Sedum aizoon*

Aizoon Stonecrop | fèicài

多年生草本：茎直立，不分枝；叶互生，长披针形至倒披针形①，顶端渐尖，基部楔形，边缘有不整齐的锯齿，几无柄。聚伞花序，分枝平展；花密生；萼片5，条形，不等长，长3～5毫米，顶端钝；花瓣5，鲜黄色②，椭圆状披针形，长6～10毫米；雄蕊10，较花瓣为短；心皮5，卵状矩圆形，基部合生，腹面凸出；蓇葖果呈星芒状排列③，叉开几至水平排列。

大兴安岭地区广泛分布。生于草甸、多石质山坡、灌丛。

费菜的叶互生，肉质，披针形，聚伞花序顶生，花鲜黄色。

# 龙牙草 仙鹤草 蔷薇科 龙牙草属

*Agrimonia pilosa*

Hairy Agrimony | lóngyácǎo

多年生草本；奇数羽状复叶①，小叶5～7，杂有小型小叶，无柄，椭圆状卵形或倒卵形，边缘有锯齿，两面均疏生柔毛；托叶近卵形；顶生总状花序有多花②，近无梗；苞片细小，常3裂；花黄色；花瓣5；雄蕊多数；瘦果倒圆锥形，顶端有数层钩刺，萼裂片宿存。

大兴安岭地区广泛分布。生于山坡、路旁、草地及灌丛等。

**相似种：*水杨梅*【*Geum aleppicum*，蔷薇科 路边青属】**全株有长刚毛；叶羽状全裂，大小叶相间，顶裂叶片不规则分裂③；花呈伞房状排列，黄色④，有副萼；聚合果球形，宿存花柱先端有长钩刺。大兴安岭地区广泛分布；生于海拔500～700米的沟旁、灌丛、草甸。

龙牙草羽状复叶顶端三小叶，总状花序；水杨梅顶端叶片不规则分裂，伞房状花序。

# 鹅绒委陵菜 蕨麻 蔷薇科 委陵菜属

*Potentilla anserina*

Naked Silverweed Cinquefoil | éróngwěilíngcài

多年生草本；葡匐茎细长，节处生根，微生长柔毛；基生叶为羽状复叶①，背面白色；花单生于长葡匐茎的叶腋，花黄色②，萼片三角状卵形，花瓣倒卵形，比萼片约长1倍；花柱侧生，小枝状；瘦果卵形。

大兴安岭地区广泛分布。生于河谷或湿润草地中。

**相似种：莓叶委陵菜【***Potentilla fragarioides***，蔷薇科 委陵菜属】**羽状复叶，基生叶顶端三小叶较大，下部的小叶较小；伞房状聚伞花序③；花黄色。大兴安岭地区广泛分布；生于草甸、林下及林缘。**星毛委陵菜【***Potentilla acaulis***，蔷薇科 委陵菜属】**三出复叶④，两面密生星状茸毛；花单生或2～3朵排成聚伞状，黄色。产于额尔古纳、根河等地；生于石质山坡上。

鹅绒委陵菜羽状复叶，背面白色，花单生；莓叶委陵菜羽状复叶顶端三小叶大，聚伞花序；星毛委陵菜为三出复叶。

# 委陵菜 蔷薇科 委陵菜属

*Potentilla chinensis*

Chinese Cinquefoil | wěilíngcài

多年生草本；根粗壮，圆柱形；花茎直立或上升；基生叶为奇数羽状复叶①，基生叶有小叶15～31，小叶矩圆状倒卵形或矩圆形，下面密生白色绵毛；托叶和叶柄基部合生；聚伞花序顶生②，总花梗和花梗有白色茸毛或柔毛；花黄色；瘦果卵形，有肋纹。

产于黑河、鄂伦春旗、鄂温克旗、阿荣旗、扎兰屯。生于山坡、路旁或沟边。

**相似种：伏委陵菜【***Potentilla supina***，蔷薇科 委陵菜属】**茎平铺或倾斜伸展，分枝多，疏生柔毛；羽状复叶③，小叶倒卵形或矩圆形；托叶阔卵形，3浅裂；花单生于叶腋；花黄色④，副萼片椭圆状披针形。产于呼玛、嫩江、黑河、牙克石、莫力达瓦旗、扎兰屯、阿尔山；生于田边、荒地、河岸沙地、草甸、山坡湿地。

委陵菜羽状复叶下面白色，聚伞花序；伏委陵菜复叶下面淡绿色，花单生。

# 叉叶委陵菜 长叶二裂委陵菜 蔷薇科 委陵菜属

*Potentilla bifurca* var. *major*

Potentilla Bifurca │ chāyèwěilíngcài

矮小多年生草本，根茎木质化；茎多平铺，自基部多分枝①；茎和叶柄有长柔毛；羽状复叶②，基生叶有小叶5～8对，椭圆形或倒卵状矩圆形，长6～10毫米，宽3～6毫米，先端圆钝或常2裂，全缘，上面无毛，下面微生柔毛；小叶片无柄；茎生叶小叶通常3～7片；叶柄短或无，托叶草质；聚伞花序有花3～5朵；花梗生柔毛；花黄色③，直径1～1.5厘米；花托密生柔毛；瘦果小，无毛，光滑，花柱侧生或近基生。

大兴安岭地区广泛分布。生于草甸、河边、山坡草地。

茎多平铺，多分枝，羽状复叶，先端小叶2深裂，聚伞花序3～5朵。

# 蔓委陵菜 匐枝委陵菜 蔷薇科 委陵菜属

*Potentilla flagellaris*

Runnery Cinquefoil │ mànwěilíngcài

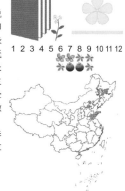

多年生草本；茎匍匐，幼时有长柔毛，渐脱落；基生叶为掌状复叶；小叶5，稀3，菱状倒卵形，长2～5厘米，宽1.5～2厘米，基部楔形，边缘有不整齐的浅裂，上面幼时有柔毛，后脱落近无毛，下面沿叶脉有柔毛；叶柄长4～7厘米，微生长柔毛；茎生叶与基生叶相似，小叶片较小；花单生于叶腋，花梗长3～4厘米，有柔毛；花黄色，直径约1.5厘米；副萼片椭圆形；瘦果矩圆状卵形，微皱，疏生柔毛，花柱近顶生。

产于额尔古纳、陈巴尔虎旗、牙克石、鄂伦春旗、扎兰屯、阿尔山、科尔沁右翼前旗。生于草甸、河岸或路旁。

蔓委陵菜茎匍匐，掌状复叶，花单生，黄色。

草本植物 花黄色（含淡黄色） 辐射对称 花瓣五

## 苘麻　青麻　锦葵科 苘麻属
### *Abutilon theophrasti*
Velvet leaf ｜ qīngmá

一年生草本，茎有柔毛；叶互生，圆心形①，长5～10厘米，两面密生星状柔毛；叶柄长3～12厘米；花单生叶腋，花梗长1～3厘米，近端处有节；花萼杯状，5裂；花黄色，花瓣倒卵形②，长1厘米；心皮15～20，排列成轮状；蒴果半球形③，直径2厘米，分果爿15～20，有粗毛，顶端有2长芒。

大兴安岭地区广泛分布。常见于路旁、荒地、田野。

苘麻叶互生，圆心形，花单生于叶腋，花黄色，蒴果半球形。

## 北柴胡　柴胡　伞形科 柴胡属
### *Bupleurum chinense*
Chinese Thorowax ｜ běicháihú

多年生草本；茎上部多分枝，稍成"之"字形弯曲①；叶倒披针形或宽条状披针形，长3～11厘米，宽6～16毫米，下面具粉霜；复伞形花序多数②，总花梗细长，水平伸出；总苞片无或有2～3，狭披针形；伞辐3～8，不等长；小总苞片5，披针形；花梗5～10；花鲜黄色；双悬果宽椭圆形，长3毫米，宽2毫米，棱狭翅状。

产于呼玛。生于干山坡、田野、林缘、灌丛。

**相似种：兴安柴胡【*Bupleurum sibiricum*，伞形科 柴胡属】**茎呈丛生状；叶狭长披针形；复伞形花序少数，不等长；小总苞片椭圆状披针形③；花瓣鲜黄色。产于呼玛、黑河、额尔古纳、根河、牙克石、扎兰屯、科尔沁右翼前旗；生于海拔700～1600米的山坡草地、荒山坡。

北柴胡茎呈"之"字形弯曲，小总苞片5，花序多数；兴安柴胡茎不呈"之"字形弯曲，小总苞片常多于5，花序少数。

# 大叶柴胡　　伞形科 柴胡属

*Bupleurum longiradiatum*

Bigleaf Thorowax ｜ dàyècháihú

多年生高大草本；根茎长圆柱形，长3～9厘米，坚硬；茎单生或2～3，多分枝；叶大形①，基生叶宽卵形、椭圆形或倒披针形②，长8～17厘米，宽2.5～8厘米，顶端急尖或渐尖，基部楔形，下面带粉蓝绿色，具9～11近平行脉；叶柄长8～12厘米；中部叶无柄，抱茎，卵形或窄卵形③；复伞形花序多数，总花梗长2～5厘米；总苞片1～5，披针形，不等长；伞辐3～9；小总苞片5～6，宽披针形或宽卵形；花梗5～16；花深黄色。双悬果矩圆状椭圆形④，长4～7毫米，宽2～2.5毫米。

产于塔河、呼玛、黑河、额尔古纳、根河、牙克石、鄂伦春旗。生于山坡林下或溪谷草丛中。

大叶柴胡中部叶无柄，抱茎，复伞形花序多数，总苞片1～5，披针形，不等长，花深黄色。

# 黄连花　　报春花科 珍珠菜属

*Lysimachia davurica*

Dahurian Loosestrife ｜ huángliánhuā

多年生草本；叶对生或3～4枚轮生，椭圆状披针形至线状披针形，长4～12厘米，宽5～40毫米，先端锐尖至渐尖，基部钝至近圆形，两面均散生褐色腺点，侧脉通常超过10对，网脉明显；总状花序顶生，通常复出而成圆锥花序①；苞片线形，密被小腺毛；花梗长7～12毫米；花萼长约3.5毫米，分裂近达基部，裂片狭卵状三角形，沿边缘有一圈黑色线条，有腺质缘毛；花冠深黄色，长约8毫米，分裂近达基部，裂片长圆形，先端圆钝，有明显脉纹；雄蕊比花冠短，花丝基部合生形成长约1.5毫米的筒；子房无毛，花柱长4～5毫米；蒴果褐色②，直径2～4毫米。

大兴安岭地区广泛分布。生于草甸、灌丛、林缘、路旁。

黄连花的叶披针形，对生或轮生，散生褐色腺点，圆锥花序顶生，花黄色。

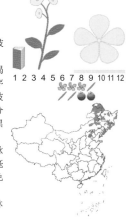

# 败酱 黄花龙芽 忍冬科/败酱科 败酱属

## *Patrinia scabiosifolia*

Dahurian Patrinia | bài jiàng

多年生草本；茎生叶对生，叶片2～3对羽状深裂，上部叶渐无柄；聚伞圆锥花序在枝端常5～9枝集成疏大伞房状①；总花梗方形，苞片小；花较小，黄色②；瘦果长方椭圆形，子房室边缘稍扁展成极窄翅状，无膜质增大苞片。

大兴安岭地区广泛分布。生于草甸、灌丛、河边、林缘、山坡草地。

**相似种：岩败酱【*Patrinia rupestris*，忍冬科/败酱科 败酱属】**茎生叶对生，3～6对羽状深裂至全裂，裂片窄椭圆状披针形；叶柄短，上部叶渐无柄；密花聚伞花序3～7枝在枝端排成伞房状，轴、梗均被粗白毛和腺毛；花萼小，花冠黄色③，漏斗状；瘦果倒卵ার圆柱状，背部贴生有椭圆形大膜质苞片④。大兴安岭地区广泛分布；生于林间草地、柞林石砾子山坡、林下。

败酱叶片2～3对羽状深裂，花序常5～9枝集成疏大伞房状；岩败酱3～6对羽状深裂，密花聚伞花序3～7枝在枝端排成伞房状。

# 兴安藜芦 山白菜 藜芦科/百合科 藜芦属

## *Veratrum dahuricum*

Dahurian False Hellebore | xīng'ānlílú

多年生草本，基部具无网眼的纤维束；叶椭圆形或卵状椭圆形①②，长13～23厘米，宽5～11厘米，先端渐尖，基部无柄，抱茎，背面密生银白色短柔毛；圆锥花序近纺锤形①，长20～60厘米，具多数近等长的侧生总状花序，总轴和枝轴密生白色绵状毛；花密集，花被片淡黄绿色带苍白色边缘③，近直立或稍开展，椭圆形或卵状椭圆形，先端锐尖或稍钝，基部具柄，边缘啮蚀状，背面具短毛；花梗短，长约2毫米；小苞片比花梗长，卵状披针形，背面和边缘有毛；雄蕊长约为花被片的一半；子房近圆锥形，密生短柔毛。

大兴安岭地区广泛分布。生于海拔约700米的草甸、阔叶林下、湿草地。

叶无柄，抱茎，背面白色，圆锥花序近纺锤形，花轴上具白色绵毛，花淡黄绿色带白边。

# 球尾花 报春花科 珍珠菜属

*Lysimachia thyrsiflora*

Thyrse Loosestrife | qiúwěihuā

多年生草本，植物体有黑色腺点，具横走的根茎；茎直立，通常不分枝；叶对生，近茎基部的数对鳞片状，上部叶披针形至长圆状披针形①，长5～16厘米，宽6～20毫米，先端锐尖或渐尖，基部耳状半抱茎或钝，无柄；总状花序生于茎中部和上部叶腋②，长1～3厘米，密花，呈圆球状或短穗状；苞片线状钻形；花萼长2～3.5毫米，分裂近达基部，裂片通常6～7枚，线状披针形，宽约0.7毫米；花冠酪黄色③，通常6深裂，裂片近分离，线形，先端钝；雄蕊伸出花冠外；花药长圆形；蒴果近球形，直径约2.5毫米。

大兴安岭地区广泛分布。生于水甸子和湿草地上，常成小片生长。

球尾花植物体具黑色腺点，叶对生，披针形，无柄，总状花序腋生，花冠酪黄色。

# 小顶冰花 百合科 顶冰花属

*Gagea hiensis*

Small Gagea | xiǎodǐngbīnghuā

多年生细弱草本，鳞茎卵形，直径5～9毫米，基部常具多数小珠芽，鳞茎皮黑褐色，薄革质；基生叶条形①，常超过植株，宽2～4.5毫米，花莛上无叶；花2～5朵，呈伞状排列，其下有2枚苞片④，一大一小，大者约等长于花序，宽2.5～6毫米，花梗长1.5～3.5厘米；花被片6，黄绿色②③，长矩圆形，长7～9毫米；雄蕊6，花丝长约5毫米，花药长约1毫米；子房椭圆形，长约3毫米，花柱约与子房等长，柱头小头状；蒴果近球形，直径约5毫米；种子近矩圆形，长约3毫米。

产于阿荣旗、额尔古纳、科尔沁右翼前旗。生于山坡、河岸草地及林缘。

小顶冰花基生叶条形，常超过植株，花2～5朵，呈伞状排列，其下有2枚苞片，一大一小，花黄绿色。

# 小黄花菜 黄花菜 阿福花科/百合科 萱草属

*Hemerocallis minor*

Small Daylily | xiǎohuánghuācài

多年生草本，具短的根状茎和绳索状须根；叶基生，条形①；花葶纤细，具1～2朵花②，花梗长短极不一致；花被片6，花黄色，花径最大可达7.2厘米；雄蕊6，花药背着或近基着；花柱细长，柱头小；蒴果椭圆形。

大兴安岭地区广泛分布。生于草甸、灌丛、林缘、山坡草地及林下。

**相似种：北黄花菜【*Hemerocallis lilio-asphodelus*，阿福花科/百合科 萱草属】**叶基生，排成两列，条形；聚伞花序常具少数分枝，有花数朵；花淡黄色或黄色③，雄蕊伸出，上弯；花柱伸出，上弯，略比雄蕊长而比花被裂片略短；蒴果宽椭圆形④。产于塔河、黑河、根河、牙克石、阿尔山；生于山坡草地。

小黄花菜花序不分枝，具花1～2朵；北黄花菜花序分枝，具花4～10朵。

# 短瓣金莲花 金莲花 毛茛科 金莲花属

*Trollius ledebouri*

Shortpetal Globeflower | duǎnbànjīnliánhuā

多年生草本，无毛；基生叶2～3，长15～35厘米；叶片五角形，掌状分裂，长4.5～6.5厘米，宽8.5～12厘米；叶柄长9～29厘米；茎生叶较小，具较短柄或无柄；花单生或2～3朵组成聚伞花序①，直径3.2～4.8厘米；萼片5～8，黄色，干时不变绿色，倒卵形或椭圆形，长1.2～2.8厘米，宽1～1.5厘米；花瓣比萼片短，狭条形②③，长1.3～1.6厘米，宽约1毫米；雄蕊多数；心皮20～28；蓇葖果长约7毫米，喙长约1毫米。

大兴安岭地区广泛分布。生于沼泽地、林缘、湿草甸。

短瓣金莲花为多年生草本，单叶掌状分裂，花黄色，花瓣线形，比萼片短。

# 北侧金盏 冰凌花 毛茛科 侧金盏花属
## *Adonis sibirica*
Siberian Adonis | běicèjīnzhǎn

多年生草本，除心皮外，全部无毛，有粗根状茎；茎粗3～5毫米，基部有鞘状鳞片；叶无柄，卵形或三角形①，长达6厘米，宽达4厘米，二至三回羽状细裂，末回裂片线状披针形，有时有小齿，宽1～1.5毫米；花大，直径4～5.5厘米，萼片黄绿色，卵圆形，顶部变狭，长约1.5毫米，宽约6毫米，花瓣黄色②③，狭倒卵形，长2～2.3厘米，宽6～8毫米，顶端近圆形或钝，有不等大的小齿；雄蕊长约1.2厘米，花药狭长圆形，长约1毫米；瘦果长约4毫米，有稀疏短柔毛④，宿存花柱长约1毫米，向下弯曲。

产于根河、额尔古纳、阿尔山。生于林缘、草甸。

北侧金盏叶无柄，二至三回羽状细裂，叶裂片线形，萼片黄绿色，花瓣黄色，瘦果具柔毛。

# 黄芪 膜荚黄芪 豆科 黄芪属
## *Astragalus membranaceus*
Mongolian Astragalus | huángqí

多年生草本，主根肥而长；茎直立多分枝①，有细棱，被长柔毛；羽状复叶，小叶21～31，卵状披针形或椭圆形；总状花序腋生，花下有条形苞片；花冠白色；荚果膜质，卵状矩圆形②，有黑色短柔毛。

产于塔河、讷河、嫩江、黑河、额尔古纳、牙克石。生于山坡向阳处、草丛中和灌丛中。

**相似种：蒙古黄芪【***Astragalus membranaceus* var. *mongholicus*，豆科 黄芪属】荚果光滑无毛③，小叶8～16对，较小。产于呼玛、嫩江、黑河、额尔古纳；生于向阳山坡草地。**湿地黄芪【***Astragalus uliginosus*，豆科 黄芪属】植株具白色毛，总状花序生多数、紧密排列；花冠苍白绿色④。产于呼玛、黑河、额尔古纳、陈巴尔虎旗、牙克石、阿尔山、科尔沁右翼前旗；生于湿草地、林下、林缘。

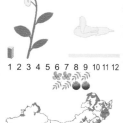

黄芪花白色，果实有毛；蒙古黄芪花白色，果实无毛；湿地黄芪花苍白绿色，果实无毛。

# 披针叶黄华
牧马豆　豆科 野决明属

**_Thermopsis lanceolata_**

Lanceleaf Thermopsis │ pīzhēnyèhuánghuá

1 2 3 4 5 6 7 8 9 10 11 12

多年生草本，茎密生平伏长柔毛，茎直立，单一或分枝①；托叶2，基部连合；掌状复叶，具3小叶，矩圆状倒卵形至倒披针形②，长2.5～8.5厘米，宽7～20毫米，先端急尖，基部楔形，下面密生平伏短柔毛；总状花序顶生③；苞片3个轮生，基部连合；花轮生，长约3厘米；萼筒状，长约1.6厘米，密生平伏短柔毛；花冠黄色④；荚果条形，长5～9厘米，宽7～12毫米，密生短柔毛，扁，有种子6～14粒；种子肾形，黑褐色，有光泽。

产于牙克石、根河。生于河岸草地、沙丘、路旁及田边。

披针叶黄华全株具毛，3出复叶，小叶倒披针形，总状花序腋生，花黄色。

# 草木樨
豆科 草木樨属

**_Melilotus officinalis_**

Yellow Sweetclover │ cǎomùxī

1 2 3 4 5 6 7 8 9 10 11 12

草本，茎直立，粗壮，多分枝；三出复叶；小叶椭圆形①，长1.5～2.5厘米，宽0.3～0.6厘米，先端圆，具短尖头，边缘具锯齿；托叶三角形，基部宽，有时分裂；花排列成总状花序，腋生；花萼钟状，萼齿三角状披针形；花冠黄色，旗瓣与翼瓣近等长②；荚果卵圆形③，稍有毛，网脉明显，有种子1粒；种子矩形，褐色。

产于塔河、呼玛、额尔古纳、根河、鄂伦春旗、鄂温克旗、科尔沁右翼前旗。生于河边、湿草地、林缘、路旁、荒地、向阳山坡草地。

**相似种：天蓝苜蓿【_Medicago lupulina_，豆科苜蓿属】** 花10～15朵密集成头状花序④；花冠黄色；荚果弯成肾形，成熟时黑色，有疏柔毛，有种子1粒；种子黄褐色。产于额尔古纳、根河、牙克石；常见于河岸、路边、田野及林缘。

草木樨总状花序，荚果卵圆形；天蓝苜蓿头状花序，荚果肾形。

# 旌节马先蒿

列当科/玄参科 马先蒿属

*Pedicularis sceptrum-carolinum*

Rood-mark Wookbetony | jīngjiémǎxiānhāo

多年生高大草本；基生叶多数成丛，具柄，两边有狭翼；叶片长圆形，长约20厘米，宽约4厘米，羽状深裂至全裂②，裂片轴中有翅；茎生叶极少；穗状花序生于茎顶①，多花；萼具5齿，边缘具细锯齿；花冠黄色或淡黄色，上唇呈镰状弯曲，下唇紧贴上唇；蒴果近球形③，具凸头，苞片与萼宿存。

大兴安岭地区广泛分布。生于灌丛、林缘、山坡草地、湿草地。

**相似种：黄花马先蒿【*Pedicularis flava*，列当科/玄参科 马先蒿属】**旌节马先蒿高达1米，萼齿边缘具细锯齿；黄花马先蒿高约25厘米，萼齿边缘近全缘。产于额尔古纳；生于山坡草地。

旌节马先蒿盔直立，顶部稍弯曲；黄花马先蒿盔镰状弓曲。

# 阴行草

列当科/玄参科 阴行草属

*Siphonostegia chinensis*

Chinese Siphonostegia | yīnxíngcǎo

一年生草本，全株密被锈色短毛；茎上部多分枝，稍具棱角；叶对生，无柄或有短柄；叶片二回羽状全裂，裂片约3对，条形或条状披针形，宽1~2毫米，有小裂片1~3枚；花对生于茎枝上部，成疏总状花序①；花梗极短，有1对小苞片；萼筒长10~15毫米，有10条显著的主脉，齿5，长为筒部的1/4~1/3；花冠上唇红紫色，下唇黄色②，长22~25毫米，筒部伸直，上唇镰状弓曲，额稍圆，背部密被长纤毛；下唇顶端3裂，褶襞高隆成瓣状；雄蕊2强，花丝基部被毛；蒴果包于宿存萼内，披针状矩圆形，顶端稍偏斜；种子黑色。

产于鄂伦春旗、鄂温克旗、阿荣旗、科尔沁右翼前旗。生于山坡草地、湿草地。

阴行草叶对生，二回羽状全裂，条形，疏总状花序，花对生，上唇红紫色，下唇黄色。

## 北紫堇　　罂粟科 紫堇属

*Corydalis sibirica*

Siberian Corydalis ｜ běizǐjǐn

　　二年生草本；茎细弱，具棱槽，从基部和中部分枝；叶柄长，叶柄基部扩大成鞘，叶片卵形①，二至三回三出分裂，小裂片倒披针形或狭倒卵形，先端钝，具短尖，背面具白粉；总状花序生于茎和分枝先端；苞片披针形，与花梗等长，紫色；萼片膜质，白色；多花，花瓣黄色或黄白色②，花瓣先端具紫色斑点；雄蕊6，花丝大部分连合；雌蕊1，花柱细长；蒴果下垂，倒卵形③④，花柱宿存；有3～8枚种子，种子黑色，具光泽。

　　产于呼玛、额尔古纳、根河、牙克石、鄂伦春旗、阿尔山、科尔沁右翼前旗。生于疏林、山坡草地。

　　茎细弱，多分枝，叶二至三回三出分裂，叶裂片倒披针形，总状花序顶生，花黄色，蒴果下垂。

## 水金凤　　鸡腿七　 凤仙花科 凤仙花属

*Impatiens noli-tangere*

Yellow Balsam ｜ shuǐjīnfèng

　　一年生草本；茎粗壮，直立，半透明；叶互生，卵形或椭圆形①，长5～10厘米，宽2～5厘米，先端钝或短渐尖，下部叶基部楔形，叶柄长2～3厘米；上部叶基部近圆形，近无柄，侧脉5～7对；总花梗腋生，花2～3朵，花梗纤细，下垂②，中部有披针形苞片；花大，黄色，喉部常有红色斑点③；萼片2，宽卵形，先端急尖，旗瓣圆形，背面中肋有龙骨突，先端有小喙；翼瓣无柄，2裂，基部裂片矩圆形，上部裂片大，宽斧形，带红色斑点；唇瓣宽漏斗状④，基部延长成内弯的长距；花药尖；蒴果条状矩圆形。

　　产于呼玛、黑河、额尔古纳、根河、牙克石、科尔沁右翼前旗。生于海拔400～700米的林缘湿地、山坡林下、山沟溪流旁。

　　水金凤的茎半透明，单叶互生，花腋生，花梗纤细，花黄色，喉部常有红色斑点。

# 柳穿鱼 车前科/玄参科 柳穿鱼属

*Linaria vulgaris* subsp. *chinensis*

Chinese Yellow Toadflax | liǔchuānyú

多年生草本；主根细长，黄白色；茎单一或有分枝，无毛；叶多互生，条形至条状披针形①，全缘；总状花序顶生，花多数，花梗长约3毫米；苞片披针形，长约5毫米；花萼5深裂，裂片披针形②；花冠黄色，下唇在喉部向上隆起，檐部呈假面状③，喉部密被毛；雄蕊4，两两靠近；蒴果卵圆形，顶端6瓣裂；种子盘状，有翅，中央有瘤凸。

大兴安岭地区广泛分布。生于海拔300～800米的山坡草地、河边石砾地、田边、路旁、沙地草原。

柳穿鱼叶多互生，条形，总状花序顶生，花黄色，檐部假面状。

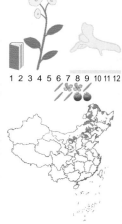

1 2 3 4 5 6 7 8 9 10 11 12

# 弯距狸藻 闸草 狸藻科 狸藻属

*Utricularia vulgaris* subsp. *macrorhiza*

Common Bladderwort | wānjùlízǎo

多年生水生食虫草本；茎柔软，分枝呈较粗的绳索状；叶互生，紧密，叶片卵形，二至三回羽状分裂，裂片细条形①，边缘有锯齿，齿端有刺尖，具许多捕虫囊；捕虫囊生于小裂片基部，膜质，卵形或近圆形，囊口为囊膜所封闭，周围有许多感觉毛，捕虫囊具短柄；总状花序直立，具少数鳞片形叶；花两性，两侧对称；苞片卵形，膜质、透明；花萼2深裂；花冠唇形②，黄色，上唇短，宽卵形，全缘，下唇较长，先端3浅裂；基部有距，花冠假面状；花丝宽，花药卵形；蒴果球形③，周裂，种子扁压，具6角和细小的网状突起，褐色，无毛。

产于额尔古纳、牙克石、扎兰屯、科尔沁右翼前旗。生于海拔约700米的湖泊、池塘、沼泽及水田中。

弯距狸藻叶互生，二至三回羽状分裂，捕虫囊卵形，总状花序顶生，花黄色，花冠假面状。

1 2 3 4 5 6 7 8 9 10 11 12

## 狼耙草　狼把草 鬼叉　菊科 鬼针草属

*Bidens tripartita*

Threelobe Beggarticks ｜ lángpácǎo

一年生草本；叶对生，无毛，叶柄有狭翅；中部叶通常羽状3～5裂①，顶端裂片较大②，椭圆形或矩椭圆状披针形，边缘有锯齿；上部叶3深裂或不裂；头状花序顶生或腋生③，直径1～3厘米；总苞片多数，外层线披针形，叶状，长1～4厘米，有睫毛；花黄色④，全为两性筒状花；瘦果扁平，两侧边缘各有一列倒钩刺；冠毛芒状，2枚，少有3～4枚，具倒钩刺。

大兴安岭地区广泛分布。生于路旁、低湿滩地、村旁路边。

狼耙草叶对生，羽状3～5裂，顶端裂片较大，总苞多数，花黄色，冠毛芒状。

## 还阳参　屋根草　菊科 还阳参属

*Crepis tectorum*

Narrowleaf Hawksbeard ｜ huányángshēn

一年生草本，茎直立，具纵沟棱，自上部或自中部以上分枝；基生叶与茎下部叶倒披针形或披针状条形，先端尖，基部渐狭成具窄翅的短柄，边缘有不规则牙齿；上部叶披针状条形①，边缘全缘，反卷，两面无毛；头状花序在茎顶排列成伞房圆锥状②，梗细长，苞叶线状；总苞片外面被白色蛛丝状毛或无毛，总苞2层③，外层短小，条形，内层较长，矩圆状披针形，先端尖，边缘膜质；舌状小花黄色；瘦果纺锤形，黑褐色，有10～16条近等粗的纵肋，肋上被稀疏的小刺毛；冠毛白色。

产于呼玛、黑河、额尔古纳、根河、牙克石、科尔沁右翼前旗。生于山地林缘、河谷草地、田间或撂荒地。

还阳参植物体具乳汁，叶线状披针形，总苞2层，外层小，条形，花黄色。

# 线叶菊 兔毛蒿 菊科 线叶菊属

**Filifolium sibiricum**

Siberian Filifolium | xiànyèjú

多年生草本；茎基部具密厚的纤维鞘；基生叶有长柄，倒卵形或矩圆形；茎生叶较小，互生，全部叶二至三回羽状分裂，末次裂片丝形②，无毛，有白色乳头状小凸起；头状花序在茎枝顶端排成伞房花序；总苞球形或半球形③，直径4~5毫米，无毛；总苞片3层，卵形至宽卵形，边缘膜质，顶端圆形，背部厚硬，黄褐色；边花约6朵，花冠筒状，压扁，有腺点；盘花多数，花冠管状，黄色，顶端5裂齿，下部无狭管；瘦果倒卵形，黑色，无毛，腹面有2条纹。

产于嫩江、黑河、额尔古纳、根河、牙克石、阿尔山、加格达奇、科尔沁右翼前旗。生于山坡草地。

线叶菊叶二至三回羽状复叶，叶裂片线形，头状花序生于茎顶，排成伞房花序，总苞片3层，花黄色。

# 伞花山柳菊 山柳菊 菊科 山柳菊属

**Hieracium umbellatum**

Umbellate Hawkweed | sǎnhuāshānliǔjú

多年生草本，被细毛；基生叶在花期枯萎；茎生叶互生，矩圆状披针形或披针形①，顶端急尖至渐尖，基部楔形至近圆形，无柄，具疏大锯齿，稀全缘，边缘和下面沿叶脉具短毛；头状花序多数，排列成伞房状②，梗密被细毛；总苞片3~4层③，外层总苞片短，披针形，下部具短毛，内层总苞片矩圆状披针形；舌状花黄色，下部有白色软毛，舌片顶端5齿裂；瘦果圆筒形，紫褐色，长约3毫米，具10条棱；冠毛浅棕色④。

产于呼玛、额尔古纳、根河、陈巴尔虎旗、牙克石、鄂温克旗、莫力达瓦旗、阿尔山。生于海拔400~1000米的林下、林缘及山坡草地。

伞花山柳菊植物体具乳汁，叶披针形，无柄，头状花序排列成伞房状，总苞片3~4层，披针形，花黄色。

# 柳叶旋覆花 歌仙草 菊科 旋覆花属

*Inula salicina*

Willowleaf Inula | liǔyèxuánfùhuā

多年生草本，地下茎细长；叶长圆状披针形，半抱茎①，边缘有小尖头状或明显的细齿，顶端尖，稍草质，两面无毛或仅下面中脉有短硬毛，边缘有密糙毛；头状花序单生于茎或枝端，常为密集的苞状叶丛所围绕；总苞半球形②，总苞片4～5层，外层稍短，披针形或匙状长圆形，下部革质，上部叶质且常稍红色，顶端钝或尖，背面有密短毛，常有缘毛；内层线状披针形，渐尖，上部背面有密毛；舌状花较总苞长达2倍，舌片黄色③，线形；管状花花冠有尖裂片，冠毛1层，白色或下部稍红色，约与花冠同长；瘦果有细沟及棱，无毛。

产于额尔古纳、陈巴尔虎旗、牙克石、鄂温克旗、科尔沁右翼前旗。生于海拔600～800米的山坡草地、河滩、路旁及田边。

柳叶旋覆花叶披针形，半抱茎，总苞半球形，总苞片4～5层，披针形，花黄色。

# 毛脉山莴苣 毛脉翅果菊 菊科 莴苣属

*Lactuca raddeana*

Radde's Lettuce | máomàishānwōjù

二年生草本，下部密被褐色粗毛，上部无毛；基生叶及茎下部叶花期枯萎；叶多变异，边缘有不等大齿缺，下面沿脉有较多的膜片状毛；下部叶早落，叶柄长，有翅，大头羽状全裂或深裂①②，顶端裂片三角状戟形或卵形，侧裂片1～3对；茎中上部叶叶柄有宽翅，叶片卵形或卵状三角形，有1对侧生裂片或无；头状花序圆柱状，有9～10个小花，多数在茎枝顶端排成狭圆锥花序②；舌状花黄色②；瘦果倒卵形压扁，每面有5～6条高起的纵肋，有宽边，果颈喙部极短；冠毛白色，全部同形。

产于根河、额尔古纳。生于林下、灌丛及平原草地。

毛脉山莴苣具白色乳汁，叶片不规则羽状分裂，主脉具毛刺，头状花序圆柱形，排成圆锥花序，花黄色。

# 蹄叶橐吾 马蹄叶 菊科 橐吾属
## *Ligularia fischeri*
Fischer's Leopard Plant | tíyètuówú

多年生草本；基生叶心形，纸质，边缘有锯齿①，叶柄长15～35厘米；茎中上部叶具短柄，鞘膨大，叶片肾形②；头状花序排列成总状花序③，花序梗短，苞片卵状披针形；总苞筒状钟形，总苞片长圆形，先端钝三角形；花黄色；瘦果暗褐色，冠毛褐色。

产于塔河、呼玛、黑河、额尔古纳、根河、牙克石、科尔沁右翼前旗。生于林下、林缘、山坡灌丛、湿草地、河边。

**相似种：橐吾**【*Ligularia sibirica*，菊科 橐吾属】基生叶片卵状心形；茎生叶2～3个，渐小；花序总状④；头状花序10余至30个，花后常下垂；总苞钟状或筒状；总苞片1层，条状矩圆形；花黄色。产于呼玛、额尔古纳、根河、牙克石、鄂温克旗、科尔沁右翼前旗；生于林下、河边灌丛、湿草地及沼泽地。

蹄叶橐吾丛生，冠毛褐色；橐吾单生，冠毛污白色。

# 兴安毛连菜 毛连菜 菊科 毛连菜属
## *Picris dahurica*
Dahurian Oxtongue | xīng'ānmáoliáncài

二年生草本，全株密被硬刺毛及叉状分歧毛；茎直立，单一或上部分枝；基生叶花期枯萎，茎生叶互生，披针形或长圆状披针形①，基部渐狭，先端钝尖，边缘有疏齿；茎中上部叶渐向上渐小，稍抱茎；头状花序排列成疏伞房状②，总苞筒状，总苞片3层，外层短小，花黄色③，舌状，舌状基部疏被白毛；瘦果狭纺锤形，多少弯曲，红褐色，冠毛羽毛状，淡褐色④。

大兴安岭地区广泛分布。生于海拔300～500米的草甸、沟旁、灌丛及林缘。

兴安毛连菜全株密被硬刺毛及叉状分歧毛，具白色乳汁，叶披针形，头状花序排列成疏伞房状，总苞片3层，花黄色。

# 东北鸦葱　羊奶子　菊科　鸦葱属

## *Scorzonera manshurica*

North-Eastern Serpentroot　│　dōngběiyācōng

1 2 3 4 5 6 7 8 9 10 11 12

多年生草本，密被棕榈状枯叶纤维；根粗壮，圆柱形；基生叶线形①，茎生叶1~3枚，鳞片状，边缘及内面有绵毛；头状花序单生茎顶②，总苞钟状，总苞片3~4层，舌状小花背面带紫色，内面黄色；瘦果圆柱形，苍白褐色，冠毛污白色，羽状。

产于阿尔山。生于旱燥山坡。

**相似种：鸦葱**【*Scorzonera glabra*，菊科 鸦葱属】基生叶广披针形，边缘平展，不皱曲；头状花序生于茎顶，总苞宽圆柱形，总苞片4~5层，花黄色③。产于陈巴尔虎旗、牙克石、阿尔山；生于石砾干山坡、林下及路旁。**笔管草**【*Scorzonera albicaulis*，菊科 鸦葱属】植株被白色绵毛；叶条形；头状花序数个生于枝顶；花黄色④，冠毛污黄色。大兴安岭地区广泛分布；生于干山坡、灌丛、林缘及沙质地。

1 2 3 4 5 6 7 8 9 10 11 12

东北鸦葱头状花序单生，叶片线形；鸦葱头状花序单生，叶片披针形；笔管草数个头状花序顶生。

# 麻叶千里光　宽叶返魂草　菊科　千里光属

## *Senecio cannabifolius*

Hempleaf Groundsel　│　máyèqiānlǐguāng

1 2 3 4 5 6 7 8 9 10 11 12

多年生草本，上部常多分枝；叶羽状深裂①，裂片披针形；总苞钟形，花黄色②；瘦果圆柱形，冠毛污黄白色。

大兴安岭广泛分布。生于林下、林缘、路边、沟谷及湿草地。

**相似种：黄菀**【*Senecio nemorensis*，菊科 千里光属】茎上部分枝；叶披针形；头状花序多数，总苞钟形③，花黄色。产于呼玛、额尔古纳、根河、牙克石、鄂伦春旗、阿尔山；生于林下、林缘、山谷、湿草地、溪边及沟旁。**大花千里光**【*Senecio ambraceus*，菊科 千里光属】叶片一至二回羽状分裂，叶裂片矩圆形；头状花序多数，总苞半球形，花黄色④。产于额尔古纳、根河、牙克石、扎兰屯；生于草地、河边。

1 2 3 4 5 6 7 8 9 10 11 12

麻叶千里光叶片一回羽状深裂，叶裂片披针形；黄菀叶片不分裂；大花千里光叶片羽状分裂，叶裂片矩圆形。

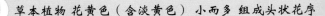

# 兴安一枝黄花 菊科 一枝黄花属

*Solidago virgaurea* var. *dahurica*

Dahurian Woundwort ｜ xīng'ānyīzhīhuánghuā

多年生草本；根状茎粗壮，褐色；茎直立，单一，常有红紫色纵条棱，下部光滑近无毛，上部疏被短柔毛；叶互生，椭圆状披针形①，长5～14厘米，宽2～5厘米，先端渐尖，基部楔形，两面叶脉疏被短硬毛；头状花序排列成总状或圆锥状，具细梗，密被短毛；总苞钟状，总苞片3层，中肋明显，边缘膜质，有缘毛；雌花舌状，黄色②；两性花冠管状，黄色，上端5齿裂；瘦果中部以上或仅顶端被短柔毛，冠毛白色。

产于漠河、呼玛、额尔古纳、科尔沁右翼前旗。生于灌丛、林缘。

兴安一枝黄花茎单一，叶互生，椭圆状披针形，头状花序排列成总状，总苞片3层，花黄色。

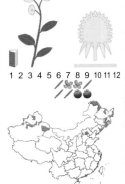

# 苦苣菜 刺苦菜 菊科 苦苣菜属

*Sonchus oleraceus*

Common Sowthistle ｜ kǔjùcài

一年生草本；茎不分枝或上部分枝；叶羽状深裂①，边缘有刺状尖齿；头状花序在茎端排成伞房状，总苞钟状②；舌状花黄色；瘦果长椭圆状倒卵形，压扁，亮褐色；冠毛毛状，白色。

大兴安岭地区广泛分布。生于田间、沙质地及杂草地。

**相似种：续断菊【*Sonchus asper*，菊科 苦苣菜属】**叶长椭圆形，边缘有刺状尖齿；头状花序在茎顶密集成伞房状；总苞片2～3层；舌状花黄色③。产于黑河；生于山坡、林缘。**细叶黄鹌菜【*Youngia tenuifolia*，菊科 黄鹌菜属】**茎生叶条形；头状花序极小，排成聚伞状圆锥花序；总苞圆柱形④；舌状花黄色。大兴安岭广泛分布；生于海拔300～500米的干山坡、多石质地及林下。

苦苣菜叶羽状分裂，边缘具刺状齿；续断菊叶不分裂，边缘具刺状齿；细叶黄鹌菜叶边缘无刺状齿。

# 菊蒿　北菊蒿　菊科 菊蒿属

***Tanacetum vulgare***

Common Tansy ｜ júhāo

多年生草本；茎直立，上部常分枝；叶矩圆形或矩圆状卵形，长达20厘米，宽8～10厘米，二回羽状分裂或深裂①，裂片卵形至卵状披针形，羽轴有栉齿状裂片，叶两面无毛或有疏单毛或叉状分枝的毛，下部叶有长叶柄，叶柄基部扩大，上部的叶无叶柄；头状花序异型，多数在茎与分枝顶端排成复伞房状②；总苞直径5～8毫米；总苞片草质，无毛或有疏毛，边缘狭膜质；边花黄色，雌性，筒状或舌状；盘花两性，筒状，黄色③；瘦果5棱；冠毛冠状，顶端齿裂。

产于呼玛、额尔古纳、漠河、塔河、牙克石。生于草甸、田边、撂荒地及灌丛。

菊蒿茎上部常分枝，叶矩圆形，羽状分裂，头状花序排列成复伞房状，总苞片草质，花黄色。

# 亚洲蒲公英　婆婆丁　菊科 蒲公英属

***Taraxacum asiaticum***

Asian Dandelion ｜ yàzhōupúgōngyīng

多年生草本；根颈部有暗褐色残存叶基；叶倒披针形或狭倒披针形①，具波状齿，羽状浅裂至羽状深裂，顶裂片较大，两侧的小裂片狭尖，侧裂片三角状披针形至线形，无毛或被疏柔毛；花莛数个，超出叶或与叶近等长，头状花序下具丝状毛；总苞钟状，总苞片3层；舌状花黄色②，稀白色，边缘花舌片背面有暗紫色条纹；瘦果倒卵状披针形；冠毛污白色。

产于呼玛、额尔古纳。生于林下、路旁、湿草地及村庄附近。

**相似种：蒲公英**【***Taraxacum mongolicum***，菊科 蒲公英属】叶倒卵状披针形③，基部渐狭成柄，羽状深裂；顶裂片较大，三角形；花莛数个，上部密被蛛丝状毛；总苞钟状，2层；花黄色④。产于呼玛、额尔古纳、阿尔山；生于路旁、山坡草地及杂草地。

亚洲蒲公英叶倒披针形，叶裂片间夹生小裂片；蒲公英叶倒卵状披针形，叶裂片间无小裂片。

# 泽泻 水白菜 泽泻科 泽泻属
*Alisma orientale*
Water-plantain │ zéxiè

多年生草本，具地下球茎；叶全部基生①，叶柄长5～50厘米，基部鞘状，叶椭圆形或椭圆形，基部心形或圆形，先端短尖；花葶直立，长15～100厘米，花轮生呈伞形状，再集生成大型圆锥花序；花被片6，花两性，白色②；雄蕊6；心皮多数；瘦果两侧扁。

产于呼玛、额尔古纳、根河、牙克石、科尔沁右翼前旗。生于水沟、浅水中及沼泽地。

**相似种：草泽泻**【*Alisma gramineum*，泽泻科泽泻属】叶基生，披针形③；圆锥花序；雄蕊6；心皮多数，花白色。产于额尔古纳；生于湖边、水塘、沼泽、沟边及湿地。**北泽苔草**【*Caldesia parnassifolia*，泽泻科 泽苔草属】一年生沼生草本；叶基生，椭圆形④，基部深心形；顶生圆锥花序；花3数，白色，心皮6。产于额尔古纳；生于浅水中及沼泽地。

泽泻叶椭圆形，心皮多数；草泽泻叶披针形，心皮多数；北泽苔草叶心状椭圆形，心皮6。

# 三裂慈姑 野慈姑 泽泻科 慈姑属
*Sagittaria trifolia*
Threeleaf Arrowhead │ sānliècígū

多年生草木，根茎球状，须根多数，绳状；叶基生，叶片箭形①，先端尖锐，叶柄基部具宽叶鞘；花序总状，花3～5朵轮生；苞片卵形；花单性，白色，心皮多，聚合成球形②；雄花在上，雄蕊多数；瘦果斜倒卵形，扁平，具宽翅。

大兴安岭地区广泛分布。生于沟旁、河边、池沼及沼泽地。

**相似种：浮叶慈姑**【*Sagittaria natans*，泽泻科 慈姑属】浮水草本，根茎茎匍匐；叶片戟形或箭头形③，基部裂片的长度仅为叶全长的1/3或1/4；总状花序；苞片膜质；花单性，白色④。产于额尔古纳、漠河、呼玛、黑河、牙克石、科尔沁右翼前旗；生于池塘、水甸子、小溪及沟渠等静水或缓流水体中。

三裂慈姑叶箭形，具挺水叶，基部裂片的长度为叶全长的1/2或2/3；浮叶慈姑叶戟形，无挺水叶，基部裂片的长度仅为叶全长的1/3或1/4。

# 二叶舞鹤草

天门冬科/百合科 舞鹤草属

*Maianthemum bifolium*

May lily | èryèwǔhècǎo

多年生矮小草本；根状茎细长匍匐；茎直立，不分枝①；基生叶1，早落，茎生叶2，互生于茎的上部，叶柄有柔毛；叶片厚纸质，三角状卵形，下面脉上有柔毛或微毛，边缘生柔毛或有锯齿状乳头突起，基部心形，弯缺张开，顶端尖至渐尖；总状花序顶生，有20朵花左右；总花轴有柔毛或乳突状毛；花白色②，花被片4，矩圆形，有1脉，广展或下弯；雄蕊4，花药长0.5毫米；浆果球形③④，红色到紫黑色，有1～3枚卵形带纹的种子。

大兴安岭山区广泛分布。生于林下。

二叶舞鹤草矮小草本，茎直立，不分枝，茎生叶2，叶基心形，总状花序顶生，花白色，果实红色到紫黑色。

# 北方拉拉藤

砧草 茜草科 拉拉藤属

*Galium boreale*

Northern Bedstraw | běifānglálaténg

多年生直立草本①，主根粗壮伸直，须根丝状，红色；茎直立，单一或分枝，具4棱，近无毛或节部有微毛；叶4枚轮生②，无柄，纸质，狭披针形，顶端钝，基部宽楔尖或近圆形，边缘稍反卷，基出脉3条；聚伞花序顶生，或在枝顶结成带叶的圆锥花序状，花小，白色①，4数，有短梗；花冠裂片长圆形，雄蕊伸出，与花冠裂片互生，子房下位，柱头头状；果实近球形，单生或双生，密被毛。

大兴安岭地区广泛分布。生于河边灌丛、林缘、山坡灌丛、湿草地及林下。

**相似种：兴安拉拉藤【***Galium dahuricum***，茜草科 拉拉藤属】**叶狭倒卵状长圆形，先端具白色刺尖，5～6枚轮生；聚伞花序顶生或腋生，花白色③；果实无毛。大兴安岭地区广泛分布；生于林下及湿地。

北方拉拉藤四叶轮生，果实密被毛；兴安拉拉藤5～6枚叶轮生，果实无毛。

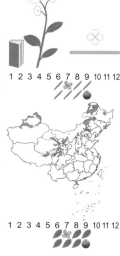

# 黑水罂粟　野大烟花　罂粟科 罂粟属

***Papaver nudicaule* var. *aquilegioides* f. *amurense***

Amur Poppy | hēishuǐyīngsù

多年生草本，全株密被硬伏毛；叶基生，卵形或长卵形，羽状分裂①，裂片2～3对，边缘有不同深度羽状缺刻，两面疏生短硬毛，有长柄；花葶单生或多枚，花单一②，顶生，弯垂；萼片2，早落；花瓣4，白色③，顶端微波状；雄蕊多数；子房卵形，柱头8～16裂；蒴果近球形，无毛，孔裂。

产于呼玛、黑河、新林、孙吴等地。生于向阳坡地、石砾质地。

黑水罂粟全株密被硬伏毛；叶基生，羽状分裂，有长柄；花单一，白色。

# 垂果南芥　十字花科 南芥属

***Arabis pendula***

Drooping Rockcress | chuíguǒnánjiè

二年生草本，被毛；茎直立，基部木质化，不分枝或分枝；下部叶矩圆形或矩圆状卵形①，顶端渐尖，基部窄耳状，稍包茎，边缘具牙齿或波状齿，上部叶无柄，窄椭圆形或披针形，近抱茎，几全缘或具细锯齿；总状花序顶生，花白色；长角果条形，下垂，扁平。

大兴安岭地区广泛分布。生于林缘、灌丛、河岸及路旁杂草地。

**相似种：硬毛南芥【*Arabis hirsuta*，十字花科南芥属】**全株被毛；具基生叶；茎生叶常贴茎，叶片长椭圆形，抱茎②；总状花序；花瓣白色；长角果线形，直立，紧贴果序轴，果瓣具纤细中脉，种子每室1行，种子卵形。产于根河、呼玛、牙克石、鄂伦春旗、鄂温克旗及阿尔山等地；生于草原、干燥山坡及路边草丛中。

垂果南芥叶片和果实伸展且下垂；硬毛南芥叶片和果实向上贴茎。

# 荠菜 荠 十字花科 荠属

*Capsella bursa-pastoris*

Shepherd's Purse | jìcài

一年生或二年生草本，稍有分枝毛或单毛；茎直立，有分枝①；基生叶丛生，大头羽状分裂②，长可达10厘米，顶生裂片较大，侧生裂片较小，狭长，先端渐尖，浅裂或有不规则粗锯齿，具长叶柄；茎生叶狭披针形，长1～2厘米，宽2毫米，基部抱茎，边缘有缺刻或锯齿，两面有细毛或无毛；总状花序顶生和腋生③；花白色，直径2毫米；短角果倒三角形或倒心形④，长5～8毫米，宽4～7毫米，扁平，先端微凹，有极短的宿存花柱；种子2行，长椭圆形，长1毫米，淡褐色。

大兴安岭地区广泛分布。生于山坡、田边及路旁。

荠菜基生叶大头羽状分裂；总状花序，花白色；短角果倒三角形。

# 白花碎米荠 山芥菜 十字花科 碎米荠属

*Cardamine leucantha*

White-flowered Bittercress | báihuāsuìmǐjì

多年生草本，全株被毛；茎直立，单一，不分枝；奇数羽状复叶，有小叶5片；总状花序顶生，花瓣白色①，长圆状倒卵形；花丝稍扩大；雌蕊细长，柱头扁球形；长角果线形②。

产于额尔古纳、根河及鄂伦春旗等地。生于林下及林缘。

**相似种：伏水碎米荠【***Cardamine prorepens***，十字花科 碎米荠属】**茎匍匐，植株无毛；奇数羽状复叶，具5～11枚小叶，小叶椭圆形，顶生小叶大；总状花序，花白色③。产于大兴安岭山区；生于林内河边、溪边。**细叶碎米荠【***Cardamine schulziana***，十字花科 碎米荠属】**茎单一，直立，无毛；羽状复叶，小叶线形；总状花序顶生④，花瓣白色，略带蔷薇色。产于大兴安岭山区；生于林间湿草地。

白花碎米荠小叶卵状披针形；伏水碎米荠小叶椭圆形；细叶碎米荠小叶线形。

# 燥原荠　灰毛庭荠　十字花科 庭荠属

**Alyssum canescens**

Greyish Madwort ｜ zàoyuánjì

　　半灌木状草本，具毛，茎从下部分枝；叶无柄，线形，基部渐狭，先端急尖，密被灰色星状毛；总状花序顶生，花白色，花瓣倒卵形①；短角果椭圆形或椭圆状卵形，先端有宿存花柱；果瓣密被灰色星状毛；种子卵形，每室通常只有1个发育，黑褐色，子叶缘倚。

　　产于扎鲁特旗、新巴尔虎旗、科尔沁右翼前旗、满洲里及海拉尔区。生于石质山坡或草地。

　　**相似种：亚麻荠【**Camelina sativa，十字花科亚麻荠属**】**一年生草本，具毛；叶披针形，顶端急尖，基部箭形，叶耳急尖；花序呈疏松伞房状，果期伸长，花瓣白色②；短角果倒梨形。产于呼玛、额尔古纳、根河及鄂伦春旗；生于山坡、路旁。

　　燥原荠叶片线形，无柄，短角果椭圆形；亚麻荠叶片披针形，短角果倒梨形。

1 2 3 4 5 6 7 8 9 10 11 12

1 2 3 4 5 6 7 8 9 10 11 12

# 野西瓜苗　灯笼草　锦葵科 木槿属

**Hibiscus trionum**

Flower of an Hour ｜ yěxīguāmiáo

　　一年生草本，茎柔软，具白色星状粗毛；下部叶圆形，不分裂，上部叶掌状3～5全裂①，裂片倒卵形，通常羽状分裂，两面有星状粗刺毛；花单生于叶腋②，小苞片条形，萼钟形，淡绿色，裂片5，膜质，三角形，有紫色条纹；花冠淡黄色，内面基部紫色；蒴果矩圆状球形③；种子肾形④，黑色，具腺状突起。

　　产于黑河、扎兰屯。生于路旁、田埂、荒坡、旷野等。

　　野西瓜苗为单叶，掌状分裂，裂片羽状分裂，花单生于叶腋，萼钟形，有紫色条纹，花淡黄色。

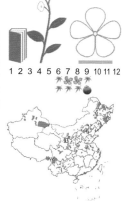

1 2 3 4 5 6 7 8 9 10 11 12

草本植物 花白色 辐射对称 花瓣五

# 石米努草　高山漆姑　　石竹科　米努草属
*Minuartia laricina*

Alpine Minuartia | shǐmǐnǔcǎo

多年生草本，全株有短茸毛；茎簇生，斜向上或伏卧，基部有枯萎的叶；叶条状钻形①，边缘有纤毛；聚伞花序顶生；苞片狭披针形，花瓣白色，倒卵状矩圆形，全缘；蒴果矩圆形；种子盘状，扁圆形，淡褐色，边缘有流苏状突起。

大兴安岭山区分布。生于林下岩石、山顶或林缘。

　　**相似种：兴安鹅不食【*Arenaria capillaris*，石竹科　无心菜属】**植株基部具多数木质化老茎；宿存枯萎叶基，新枝细而硬；叶片细线形，基生叶成束密生；聚伞花序②，花梗细而硬，无毛，花瓣5，白色，雄蕊10。产于呼玛、额尔古纳、根河、牙克石、鄂温克旗及阿尔山；生于干山坡、多石质山顶及山坡石砾地。

　　石米努草叶条状钻形；兴安鹅不食叶片细线形。

# 莫石竹　种阜草　蚤缀　　石竹科　种阜草属
*Moehringia lateriflora*

Bluntleaf Sandwort | mòshízhú

多年生草本；茎细弱，基部匍匐，上部直立，不分枝或稍分枝，有微柔毛；叶近无柄，椭圆形或矩圆形，两端渐尖，有睫毛；聚伞花序多侧生于叶腋，具1~3花；花白色，直径约7毫米；萼片基部合生，近无毛，背面有花纹；花瓣5，椭圆状倒卵形，长为萼片的2倍；雄蕊10，花丝有细毛；子房卵形，花柱3，丝形；蒴果长卵形，顶端6裂，有宿存萼；种子近肾形，平滑，种脐旁有白色膜质种阜。

大兴安岭山区广泛分布。生于林下、林缘、山坡灌丛、河边及湿草地。

　　莫石竹茎细弱，叶近无柄，椭圆形，聚伞花序，花瓣5，花白色，雄蕊10，花丝有细毛，花柱3。

# 旱麦瓶草　山蚂蚱草　石竹科　蝇子草属

*Silene jenisseensis*

Yenisey Catchfly ｜ hànmàipíngcǎo

多年生草木；根木质；茎簇生，直立或上升；基生叶簇生，狭倒披针形或倒披针状线形①，顶端急尖或渐尖，基部渐狭成长柄；茎生叶对生，较小；花两性；花序总状或狭圆锥状；苞片卵状披针形，基部合生，边缘膜质，具缘毛；花萼筒钟形，萼齿5，三角形，顶端急尖或渐尖，边缘膜质；花瓣5，白色或淡绿白色②；雄蕊10枚；花柱3；蒴果卵形。

大兴安岭山区广泛分布。生于石质山坡、石缝中、林缘、草地。

**相似种：毛萼麦瓶草【*Silene repens*，石竹科 蝇子草属】** 植株被毛；叶线状披针形，先端锐尖；聚伞花序生于茎顶；萼筒棍棒形，10条脉；花瓣白色③。产于大兴安岭山区；生于多石质山坡、林下及山顶岩石间。

旱麦瓶草花萼筒钟形，无毛；毛萼麦瓶草花萼筒棍棒形，有毛。

# 狗筋麦瓶草　石竹科　蝇子草属

*Silene vulgaris*

Bladder Campion ｜ gǒujīnmàipíngcǎo

多年生草本，全株无毛；根微粗壮，木质；茎疏丛生，直立，上部分枝①，常灰白色；叶片卵状披针形、披针形或卵形；苞片卵状披针形，草质；花萼宽卵形，呈囊状②，近膜质，具20脉，脉间有多数网状细脉相连，常带紫堇色；雌雄蕊柄无毛；花瓣白色③，爪楔状倒披针形，无毛；雄蕊明显外露④，花丝无毛，花药蓝紫色；花柱明显外露；种子圆肾形，褐色，脊平。

产于漠河、塔河、呼玛、黑河、孙吴、根河、额尔古纳、牙克石及扎兰屯。生于草甸、河边草地、山谷灌丛、田边。

狗筋麦瓶草全株无毛，叶片卵状披针形，花萼宽卵形，呈囊状，花白色。

## 垂梗繁缕 缢瓣繁缕 石竹科 繁缕属

*Stellaria radians*

Radiant Stitchwort | chuígěngfánlǚ

多年生草本，全株伏生绢毛；根状茎细，匍匐，分枝。茎直立，四棱形。叶长圆状披针形①，边缘近全缘；二歧聚伞花序顶生②；苞片草质，小形，叶状；花瓣白色，5～7中裂，裂片近线形③；雄蕊10，短于花瓣；具3花柱；蒴果卵形；种子肾形，黑褐色，具蜂巢状小窝。

大兴安岭地区广泛分布。生于山坡林缘、林下草地及灌丛湿润地。

**相似种：繁缕【*Stellaria media*，石竹科 繁缕属】**一年生草本；茎纤弱，基部多分枝；叶卵形④，顶端锐尖；花瓣5，白色，比萼片短，2深裂近基部；雄蕊10；子房卵形，花柱3～4。产于呼玛、额尔古纳、鄂伦春旗、阿尔山及科尔沁右翼前旗；生于山坡、林缘及路旁。

垂梗繁缕为多年生，叶长圆状披针形，近全缘，花瓣5～7中裂，裂片近线形；繁缕为一年生，叶卵形，花瓣2深裂。

## 细叶繁缕 线茎繁缕 细茎繁缕 石竹科 繁缕属

*Stellaria filicaulis*

Thread-stem Stitchwort | xìyèfánlǚ

多年生草本，全株无毛；茎丛生，细弱，上部分枝①；叶片线形，顶端渐尖，基部楔形，微抱茎；花单生枝顶或成腋生聚伞花序②；花梗丝状；苞片披针形，渐尖，边缘膜质；萼片5，披针形至狭披针形，顶端渐尖，中脉明显，边缘膜质；花瓣5，白色，线状披针形，比萼片长1.5倍，2深裂几达基部③，裂片近条形；雄蕊10，比萼片短；花柱3；蒴果长圆状卵形，黄色，与宿存萼等长或长1.5倍，6齿裂，具多数种子。

产于呼玛、黑河、额尔古纳、根河、牙克石、鄂温克旗及阿尔山。生于湿润草地、草甸及河岸平原。

细叶繁缕茎丛生，细弱，多分枝，叶片线形，花瓣白色，2深裂，雄蕊10，花柱3。

草本植物 花白色 辐射对称 花瓣五

# 二歧银莲花 草玉梅 毛茛科 银莲花属
*Anemone dichotoma*
Dichotomous Anemone | èrqíyínliánhuā

多年生草本，根状茎细长，横走；总苞片2①，3深裂至近基部；二歧聚伞花序，花单生于花序分枝处；萼片5，白色②，倒卵形或椭圆形，无花瓣，心皮多数，子房长圆形；瘦果扁平。

大兴安岭地区广泛分布。生于林间草地及山坡湿地。

**相似种：大花银莲花【**Anemone silvestris，毛茛科 银莲花属**】**叶片近五角形，3全裂；花单个顶生③；花萼白色。产于黑河、额尔古纳、陈巴尔虎旗、牙克石、阿尔山及科尔沁右翼前旗；生于林下及湿地。**长毛银莲花【**Anemone narcissiflora subsp. crinita，毛茛科 银莲花属**】**叶具白色长柔毛；叶片掌状3深裂；花序伞形④，顶生；花白色。产于呼玛、额尔古纳、根河、牙克石、扎兰屯及科尔沁右翼前旗；生于高山山坡。

二歧银莲花花序二歧分枝；大花银莲花花单个顶生；长毛银莲花花序伞形。

# 白花驴蹄草 白花驴蹄菜 毛茛科 驴蹄草属
*Caltha natans*
Floating Marsh marigold | báihuālǘtícǎo

沉水草本或在沼泽匍匐，全株无毛；茎分枝，在节上生不定根；叶在茎上等距排列，具长柄；叶片浮于水面，肾形或心形①，先端圆形，基部深心形，全缘或边缘波状，或在中部以下具浅牙齿；花序生于茎或分枝顶端②，有（2）3～5朵花；萼片白色或带粉红色③，倒卵形，长约3毫米，宽约2毫米；无花瓣；雄蕊多数，花药椭圆形；蓇葖果长约5毫米，狭椭圆形④，无柄，具极短的喙；种子椭圆状球形，近光滑。

产于呼玛、额尔古纳、根河、牙克石、鄂伦春旗及阿尔山。生于海拔700～1200米的湿草甸、河边湿地及浅水中。

白花驴蹄草水生草本，叶在茎上等距排列，具长柄，叶片肾形或心形，花白色顶生。

## 白八宝　白景天　景天科　八宝属

*Hylotelephium pallescens*

Pallescent Stonecrop | báibābǎo

多年生草本：根状茎短，直立；叶互生，有时对生，长圆状卵形或椭圆状披针形①，先端圆，基部楔形，几无柄，全缘或上部有不整齐的波状疏锯齿，叶面有多数红褐色斑点；复伞房花序，顶生②，分枝密；萼片5，披针状三角形，先端急尖；花瓣5，白色至浅红色，直立，披针状椭圆形，先端急尖；雄蕊10，对瓣的稍短，对萼的与花瓣同长或稍长；鳞片5，长方状楔形，先端有微缺；蓇葖果直立，披针状椭圆形，基部渐狭，分离，喙短，线形；种子狭长圆形，褐色。

产于呼玛、黑河、额尔古纳、根河、牙克石及科尔沁右翼前旗。生于河边石砾滩地及林下草地。

白八宝茎直立，叶片长圆状卵形，先端圆，基部楔形，复伞房花序顶生，5基数花，白色至浅红色。

## 钝叶瓦松　景天科　瓦松属

*Orostachys malacophyllus*

Obtuseleaf Orostachys | dùnyèwǎsōng

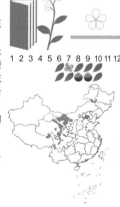

二年生草本：第一年仅有莲座叶，叶矩圆形至卵形，顶端钝；第二年生出花茎，高10～30厘米；茎生叶互生，接近，匙状倒卵形，较莲座叶大，长达7厘米，先端有短尖；花序总状，花紧密，无梗或几无梗；萼片5，卵形，长3～4毫米，急尖；花瓣5，绿色或白色，矩圆状卵形，上部边缘常有齿缺，基部合生；雄蕊10，较花瓣稍长，花药黄色；心皮5；蓇葖果卵形，两端渐尖，长几与花瓣相等；种子细小，多。

产于呼玛、黑河、额尔古纳、根河、牙克石、鄂温克旗及阿尔山。多生于海拔400～1200米的石质山坡、林下。

钝叶瓦松基生叶莲座状，先端钝，花序总状，花紧密，花瓣绿色或白色。

# 多枝梅花草

梅花草科/虎耳草科 梅花草属

*Parnassia palustris* var. *multiseta*

Marsh grass of Parnassus | duōzhīméihuācǎo

多年生草本；基生叶丛生，卵圆形或卵形，基部近心形，全缘，叶柄长；花茎中部具一无柄叶片①，形与基生叶同；花单生顶端，白色形似梅花②；萼片5，长椭圆形；花瓣5，平展，卵状圆形，先端广圆头，全缘；雄蕊5，与花瓣互生，退化雄蕊11~23丝裂③，裂瓣先端有头状腺体；子房4心皮合生，上位；花柱短，先端4裂；蒴果卵圆形④。

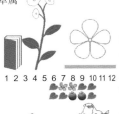

产于塔河、呼玛、孙吴、额尔古纳、根河、牙克石、鄂伦春旗、鄂温克旗及阿尔山。生于林下潮湿处或水沟旁。

多枝梅花草基生叶丛生，卵圆形，全缘，花茎中部具一无柄叶片，花单生，白色，5基数花，退化雄蕊丝状分裂。

# 斑点虎耳草

虎耳草科 虎耳草属

*Saxifraga punctata*

Dotted Saxifrage | bāndiǎnhǔ'ěrcǎo

多年生草本，有根状茎；叶均基生；叶片肾形①，长1~4厘米，宽2~6.5厘米，上面疏生微茸毛，下面无毛，边缘有粗牙齿，牙齿宽卵形或三角形，先端钝或急尖，有短尖头；叶柄长3~10厘米，几无毛；花葶疏生微柔毛；圆锥花序稀疏，疏生短腺毛；苞片条形，长1~5毫米；花萼紫色，5深裂，无毛，花开放后反曲；花瓣5，白色或带粉红色，有橙色斑点，狭卵形或卵形，先端钝或圆形，基部具短爪；雄蕊10，较花瓣稍短，花药近圆形，花丝棒形；心皮2，下部合生。

产于塔河、呼玛及牙克石。生于林下、山谷溪边或石上。

斑点虎耳草叶片肾形，上面疏生微茸毛，圆锥花序稀疏，花白色或带粉红色。

# 石生悬钩子　天山悬钩子　蔷薇科 悬钩子属
## *Rubus saxatilis*
Rocky Raspberry ｜ shí shēng xuán gōu zǐ

多年生草本，基部有短柔毛和刺刚毛；三出复叶①，小叶菱状卵形，边缘有粗重锯齿②，两面均散生柔毛；伞房花序短，有花3～10朵，总花梗和花梗密生短柔毛和刺刚毛；花白色，萼裂片卵形，先端尾尖，内外两面有柔毛；聚合果近球形③，红色，有1～6多皱的小核果④。

产于呼玛、黑河、额尔古纳、根河、牙克石、鄂伦春旗、鄂温克旗及阿尔山。生于海拔300～1300米的林下湿地、湿草甸、砾石地。

石生悬钩子为多年生草本，三出复叶，叶缘具重锯齿，花白色。

# 蚊子草　蔷薇科 蚊子草属
## *Filipendula palmata*
Palmata Meadowsweet ｜ wén zi cǎo

多年生草本；羽状复叶，顶端的小叶掌状深裂①，裂片椭圆形，背面密生白色茸毛；托叶披针形；圆锥花序，花白色②，瘦果有柄。

大兴安岭地区广泛分布。生于山麓、河岸草地、林边草地或阔叶林中。

**相似种：细叶蚊子草【*Filipendula angustiloba*，蔷薇科 蚊子草属】**羽状复叶，顶生小叶掌状深裂③，裂片披针形；圆锥花序顶生，花白色，瘦果无柄。产于黑河、额尔古纳、陈巴尔虎旗、牙克石、鄂伦春旗及科尔沁右翼前旗；生于草甸、河边、林区湿地。**翻白蚊子草【*Filipendula intermedia*，蔷薇科 蚊子草属】**羽状复叶，顶生小叶掌状深裂，裂片披针形④，背面被白色茸毛；托叶半心形；瘦果无柄。大兴安岭地区广泛分布；生于草甸、河边、林下及林缘。

蚊子草托叶披针形，叶背面白色；细叶蚊子草叶背面绿色；翻白蚊子草托叶半心形，叶背面白色。

草本植物 花白色 辐射对称 花瓣五

## 东方草莓 野草莓 蔷薇科 草莓属

*Fragaria orientalis*

Oriental Strawberry | dōngfāngcǎoméi

多年生草本，有长匍匐茎，生柔毛；三出复叶，小叶近无柄，卵形或菱状卵形①，先端圆形或近圆形，基部楔形，边缘有缺刻状锯齿，上面散生柔毛，下面灰白色，有长柄叶柄，生柔毛；花序聚伞状②，花托近球形，有柔毛，果期变为肉质多浆；花梗长0.5～1.5厘米，有柔毛；有苞片；花白色，直径约1.5厘米；副萼片比萼裂片小③；聚合果半圆形④，紫红色，萼裂片和副萼片宿存伸展；瘦果卵形，有脉。

产于呼玛、黑河、额尔古纳、根河、牙克石、鄂伦春旗、鄂温克旗、扎兰屯及阿尔山。生于海拔400～900米的林下、林缘及灌丛。

东方草莓三出复叶，叶质薄，背面灰白色，果实小。

## 石生委陵菜 白花委陵菜 蔷薇科 委陵菜属

*Potentilla rupestris*

Rocky Cinquefoil | shíshēngwěilíngcài

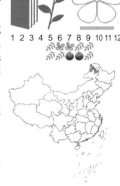

多年生草本，被疏柔毛及腺毛；基生叶通常2～3对，顶生小叶片有短柄①，侧生小叶片无柄，顶生3个小叶片比其他小叶片大得多，基部楔形或宽楔形，边缘有缺刻状重锯齿；下部茎生叶与基生叶相似，上部茎生叶无柄，有3个小叶；基生叶托叶膜质，茎生叶托叶草质，绿色，卵形，全缘，顶端急尖；伞房花序顶生②；萼片三角卵形，副萼片窄披针形，比萼片短约1半；花瓣白色③，比萼片长约1倍；花柱近基生，梭形，两端渐狭；心皮无毛；成熟果实有脉纹，褐色④。

产于塔河、呼玛、额尔古纳、根河及阿尔山。生于海拔300～1100米的砾石坡上。

石生委陵菜植株被毛，叶为奇数羽状复叶，伞房花序，花白色。

## 东北羊角芹 小叶芹 伞形科 羊角芹属

*Aegopodium alpestre*

Alpine Goutweed | dōngběiyángjiǎoqín

多年生草本；茎单一，中空，具沟槽，无毛；基生叶及茎下部叶三角形，二回三出羽状复叶，小叶长卵形至矩圆形，顶端渐尖，边缘有深而尖的不整齐锯齿；茎生叶一回羽状复叶或羽状浅裂；复伞形花序①，无总苞和小总苞，花白色，花柱长而下弯；双悬果矩圆形或矩圆状卵形。

产于呼玛、额尔古纳、牙克石、鄂伦春旗及阿尔山。生于林下、林缘、林间草地及溪流旁。

东北羊角芹羽状复叶，无苞片，花白色，花柱长而下弯，似羊角。

## 黑水当归 走马芹 伞形科 当归属

*Angelica amurensis*

Amur Angelica | hēishuǐdāngguī

多年生草本；茎直立，圆形，中空，上部分枝①；基生叶有长柄，茎生叶二至三回羽状分裂，叶片宽三角状卵形，背面苍白色；终叶裂片卵形，基部不下延；叶柄基部膨大成椭圆形的叶鞘；复伞形花序②，无总苞，小总苞片5~7，花白色；果实长卵形至卵形③。

产于呼玛、嫩江、黑河、根河、牙克石及鄂伦春旗。生于山坡、草地、杂木林下、林缘、灌丛及河岸溪流旁。

**相似种：大活【***Angelica dahurica***，伞形科 当归属】**叶片三回羽状全裂，终叶裂片披针形，基部下延；叶柄基部具膨大的叶鞘；复伞形花序大④，花白色；果实椭圆形。产于漠河、呼玛、黑河、额尔古纳、根河、鄂温克旗、科尔沁右翼前旗；常生长于林下、林缘、溪旁、灌丛及山谷草地。

黑水当归叶片背面苍白色，终叶裂片基部不下延；大活叶片背面绿色，终叶裂片基部下延。

草本植物 花白色 辐射对称 花瓣五

# 兴安蛇床　伞形科 蛇床属

*Cnidium dahuricum*

Dahurian Snowparsley ｜ xīng'ānshéchuáng

多年生草本，茎直立，分枝常呈弧形；基生叶及茎下部叶具长柄，叶柄基部扩大成短鞘，叶片卵状三角形①，二至三回三出式羽状全裂，羽片卵形，茎上部叶叶鞘全部鞘状，叶片简化；复伞形花序直径5~8厘米；总苞片6~8，披针形，花瓣白色②；分生果长圆状卵形，主棱5，每棱槽含油管1个。

产于额尔古纳、扎兰屯、科尔沁右翼前旗。生于草原、河边、湿地。

**相似种：石防风【*Peucedanum terebinthaceum*，伞形科 前胡属】**二至三回羽状全裂，叶裂片披针形；复伞形花序常无总苞片；花白色③；果实椭圆形。产于呼玛、额尔古纳、根河、牙克石、鄂伦春旗及科尔沁右翼前旗；生于山坡草地、林下及林缘。

兴安蛇床茎分枝常呈弧形，总苞片6~8；石防风茎分枝不呈弧形，常无总苞片。

# 东北牛防风　老山芹　伞形科 独活属

*Heracleum moellendorffii*

Moellendorff's Cowparsnip ｜ dōngběiniúfángfēng

多年生草本，全株具毛；茎直立，圆形，中空，具细棱；基生叶有长柄，宽卵形，三出式羽状全裂，裂片5~7，宽卵形；复伞形花序；总苞片5，小总苞片5~10，均为条状披针形，花白色①；双悬果矩圆状倒卵形，扁平，有短刺毛。

产于阿尔山、牙克石、额尔古纳。生于山坡林下、林缘山沟溪边。

**相似种：兴安牛防风【*Heracleum dissectum*，伞形科 独活属】**叶片三出羽状分裂，小裂片常呈羽状缺刻；复伞形花序②，无总苞片，小总苞片数片；花瓣白色；果实椭圆形或倒卵形。产于呼玛、嫩江、黑河、额尔古纳、根河、牙克石及鄂伦春旗；生于湿草地、草甸子、山坡林下及林缘。

东北牛防风叶背面不呈灰白色，叶裂片常不再分裂；兴安牛防风叶背面灰白色，叶裂片常具羽状缺刻。

草本植物 花白色 辐射对称 花瓣五

## 防风　关防风　伞形科　防风属

*Saposhnikovia divaricata*

Divaricate Saposhnikovia　|　fángfēng

多年生草本，全株无毛；根粗壮，茎基密生褐色纤维状的叶柄残基；茎单生，二歧分枝①；基生叶簇生，具长柄和叶鞘，一至二回羽状全裂②，最终裂片条形至披针形，全缘，叶片呈灰绿色，无毛；顶生叶简化，具扩展叶鞘，复伞形花序；无总苞片，少有1片；伞辐5～9；小苞片4～5，条形至披针形；花梗6～9，花白色③；双悬果矩圆状宽卵形④。

产于嫩江、黑河、额尔古纳、牙克石、鄂伦春旗及科尔沁右翼前旗。生于干草甸、多石质山坡、沙质地。

防风主根圆柱形，粗壮，叶为一至二回羽状全裂，灰绿色；复伞形花序常无总苞片，小苞片4～5，花白色。

## 全叶山芹　狭叶山芹　伞形科　山芹属

*Ostericum maximowiczii*

Maximowicz's Ostericum　|　quányèshānqín

多年生草本；根有细长的地下匍枝；茎多单一或上部略有分枝；基生叶和茎下部叶二回羽状分裂，上部的茎生叶一回羽裂①；叶柄基部膨大成长圆形的鞘，抱茎，叶两面均无毛；复伞形花序②，总苞片1～3，早落，小苞片5～7；花白色，果实宽卵形③，背棱狭，稍突起，侧棱宽翅状，金黄色。

产于呼玛、黑河、根河及牙克石。生于山坡、路旁、湿草甸子、林缘和混交林下。

全叶山芹叶为羽状分裂，叶片三角形，终裂片披针形，花序具总苞片和小苞片，花白色，果实金黄色。

## 泽芹　伞形科 泽芹属

*Sium suave*

Water Parsnip ｜ zéqín

多年生草本，全株无毛，具成束的纺锤形的根；茎有条纹，光滑；叶矩圆形至卵形①，叶柄中空，有横隔；一回羽状复叶，具3～9对小叶，小叶片无柄，条状披针形，边缘有细或粗锯齿；叶柄细管状；复伞形花序②，具总苞及小总苞，条形；花白色；双悬果卵形③，果棱显著。

产于呼玛、额尔古纳、鄂伦春旗及阿尔山。生于水边或潮湿地方。

泽芹为水生草本，叶为一回羽状复叶，小叶条状披针形，花白色。

## 日本鹿蹄草　鹿含草　杜鹃花科/鹿蹄草科 鹿蹄草属

*Pyrola japonica*

Japanese Pyrola ｜ rìběnlùtícǎo

多年生常绿草本；根状茎细长横生，斜升；叶基生，革质，椭圆形①，顶端圆或钝形，基部圆形，边缘有疏的不明显细齿，叶脉两面可见；花葶有花5～12朵，近中部往往有1个苞片；花白色；蒴果扁圆球形。

产于额尔古纳、阿尔山。生于针阔叶混交林或阔叶林内。

**相似种：兴安鹿蹄草【***Pyrola dahurica***，杜鹃花科/鹿蹄草科 鹿蹄草属】**叶革质，近圆形，边缘近全缘，两面叶脉明显；总状花序有5～10花②，花倾斜，白色。产于呼玛、嫩江、黑河、额尔古纳、牙克石及阿尔山；生于林下、林缘及灌丛。

日本鹿蹄草萼片披针状三角形，叶脉处色较淡；兴安鹿蹄草萼片舌形，叶脉明显。

## 东北点地梅　报春花科 点地梅属

*Androsace filiformis*

Filiformis Rockjasmine | dōngběidiǎndìméi

一年生草本，须根；叶基生成莲座状，长矩圆形，基部下延，顶端钝尖，边缘具稀疏小锯齿；花葶高12～15厘米；苞片钻状披针形，伞形花序不整齐①；花萼杯状，裂片三角形，顶端突尖，无毛；花冠杯状，白色，裂片矩圆形①（左上）；蒴果近球形。

产于呼玛、黑河、额尔古纳、根河、牙克石、鄂温克旗及阿尔山。生于潮湿草地、林下和水沟边。

**相似种：北点地梅【***Androsace septentrionalis***，报春花科 点地梅属】**一年生草本，直根；叶倒披针形，无柄；伞形花序具多数花②，花冠坛状，白色，花冠筒短于花萼；蒴果倒卵状球形。大兴安岭地区常见；生于沙质地、岩石缝隙中。

东北点地梅叶片长矩圆形，花冠杯状；北点地梅叶倒披针形，花冠坛状。

## 睡菜　睡菜科/龙胆科 睡菜属

*Menyanthes trifoliata*

Bogbean | shuìcài

多年生沼生草本，匍匐状根状茎粗大，黄褐色，节上有膜质鳞片形叶；叶全部基生，挺出水面，三出复叶①，小叶椭圆形，先端钝圆，基部楔形，全缘或边缘微波状，中脉明显；花莛由根状茎顶端鳞片形叶腋中抽出，总状花序多花②；花冠白色，筒形；蒴果球形③，种子表面平滑。

产于黑河、额尔古纳及阿尔山。生于湖边浅水中、湿地、沼泽地。

睡菜为沼生草本，叶基生，三出复叶，总状花序，花白色。

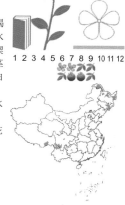

## 龙葵 黑星星 茄科 茄属

*Solanum nigrum*

Black Nightshade | lóngkuí

一年生草本，茎直立，多分枝；叶卵形①，全缘或有不规则的波状粗齿①，两面光滑或有疏短柔毛；花序短蝎尾状，腋外生，有4～10朵花，花冠白色②，辐状，裂片卵状三角形，子房卵形，花柱中部以下有白色茸毛；浆果球形③，直径约8毫米，熟时黑色④；种子近卵形，压扁状。

大兴安岭地区广泛分布。喜生于田边、荒地及村庄附近。

龙葵叶卵形，花序腋外生，花冠白色，辐状，浆果球形，黑色。

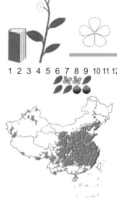

## 紫斑风铃草 吊钟花 桔梗科 风铃草属

*Campanula punctata*

Spotted Bellflower | zǐbānfēnglíngcǎo

多年生草本，具白色乳汁；茎通常在中部以上分枝，有短柔毛；基生叶有长柄，叶片卵形①，基部心形，边缘有稍不规则的浅锯齿，被短柔毛；茎生叶有短柄或无柄，卵形、狭卵形或披针形，比基生叶小；花通常1～3朵生茎或分枝顶端，下垂②；花冠白色，有紫点，钟状③；蒴果自基部3瓣裂。

产于呼玛、黑河、额尔古纳、根河、牙克石及鄂伦春旗。生于林缘、灌丛、草地及路旁。

紫斑风铃草植物体具白色乳汁，单叶互生，花冠白色，钟形，花冠内表面具紫色斑点。

# 棉团铁线莲　山蓼　毛茛科 铁线莲属

*Clematis hexapetala*

Sixpetal Clematis ｜ miántuántiěxiànlián

　　直立草本；叶对生，叶片近革质，绿色，干后常变黑色，单叶至复叶，一至二回羽状深裂①，裂片线状披针形，长椭圆形披针形至椭圆形，或线形；花序顶生②，聚伞花序或为总状圆锥状聚伞花序，有时花单生，花白色，长椭圆形或狭倒卵形③，外面密生绵毛，花蕾时像棉花球；瘦果倒卵形，扁平，被柔毛，先端有宿存花柱，被白色柔毛④。

　　大兴安岭地区广泛分布。生于固定沙丘、干山坡或山坡草地。

　　棉团铁线莲为直立草本，叶对生，常为羽状分裂，花序顶生，花白色，外面密生绵毛，花蕾期似棉花球。

# 花蔺　蒲莲　花蔺科 花蔺属

*Butomus umbellatus*

Flowering Rush ｜ huālìn

　　多年生水生草本；根状茎横生，粗壮；叶基生，上部伸出水面，条形，呈三棱状，顶端渐尖，基部具叶鞘；花莛圆形，直立①，花两性，在花莛顶端排成伞形花序②；外轮花被片3，片状，带紫色，宿存；内轮花被片3，花瓣状，淡红色③；雄蕊9，花丝基部稍宽，花药带红色；心皮6，粉红色，排成一轮④，基部连合，柱头纵褶状，子房内有多数胚珠；果实为蓇葖果，成熟时腹缝开裂；种子多数，细小，有沟槽。

　　产于呼伦贝尔。生于湖泊、水塘、沟渠的浅水中或沼泽里。

　　花蔺为水生草本，叶基生，条形，伞形花序，花紫红色。

# 野韭 野韭菜 石蒜科/百合科 葱属

*Allium ramosum*

Chinese Chives | yějiǔ

具横生的粗壮根状茎，鳞茎近圆柱状，鳞茎外皮暗黄色至黄褐色，破裂成纤维状、网状或近网状；叶三棱状条形，背面具呈龙骨状隆起的纵棱，沿叶缘和纵棱具细糙齿或光滑；花葶圆柱状，具纵棱，有时棱不明显，多花，小花梗近等长，花白色，稀淡红色，花被片具红色中脉；蒴果。

产于孙吴、额尔古纳、陈巴尔虎旗及鄂伦春旗。生于向阳山坡草地。

野韭叶为三棱状条形，背面有纵棱，伞形花序，花白色，花被片具红色中脉。

# 铃兰 天门冬科/百合科 铃兰属

*Convallaria majalis*

Lily of the Valley | línglán

多年生草本，根状茎长，白色；叶通常2枚①，椭圆形或椭圆状披针形，顶端近急尖，基部楔形；花葶高15～30厘米，稍外弯；总状花序偏向一侧②，苞片膜质，短于花梗；花白色，钟状，顶端6浅裂，裂片卵状三角形，子房卵球形；浆果球形，熟时红色③④。

大兴安岭地区广泛分布。生于林下及林缘灌丛。

铃兰叶常2枚，椭圆形，全缘，总状花序，白色，钟状。

## 玉竹 铃铛菜　天门冬科/百合科 黄精属

*Polygonatum odoratum*

Fragrant Solomon's Seal　|　yùzhú

多年生草本，根状茎粗壮；叶互生，椭圆形①，顶端尖，两面无毛；花序腋生②，花1～3花，花被白色或顶端黄绿色，合生呈筒状，裂片6，雄蕊6，花丝着生近花被筒中部，近平滑至具乳头状突起；浆果直径7～10毫米，蓝黑色③。

产于呼玛、黑河、额尔古纳、牙克石及科尔沁右翼前旗。生于灌丛、林下及林缘。

相似种：**小玉竹**【*Polygonatum humile*，天门冬科/百合科 黄精属】茎直立；叶互生，椭圆形，背面具短糙毛；花腋生，常具1花；花被筒状，白色顶端具淡绿色；浆果球形，成熟时蓝褐色④。产于呼玛、额尔古纳、根河、牙克石、鄂伦春旗、鄂温克旗及阿尔山；生于林下、林缘及山坡草地。

玉竹茎偏向一侧，叶背面无毛，叶腋常2花；小玉竹茎直立，叶背面具毛，叶腋处常具1花。

## 七筋姑 对口剪　百合科 七筋姑属

*Clintonia udensis*

Common Broadlily　|　qī jīngū

多年生直立草本，根状茎短，簇生多数细瘦须根；叶较大，3～4枚基生，椭圆形至倒卵状矩圆形①，通常无毛，基部楔形下延成鞘状抱茎或成柄状；总状花序顶生②，有花3～12枚；苞片披针形，早落；花裂片6，白色，离生，长圆形至披针形，先端钝圆，具5～7脉；雄蕊6；子房卵状长圆形；果初为浆果状，后自顶端开裂，蓝色或蓝黑色，球形至短矩圆形③；种子卵形，褐色④。

产于塔河、呼玛、科尔沁右翼前旗。生于林下及林缘。

七筋姑叶基生，椭圆形，全缘，总状花序顶生，白色，浆果成熟时为蓝黑色。

# 三叶鹿药　天门冬科/百合科　舞鹤草属

*Maianthemum trifolium*

Three-leaf Solomon's-seal ｜ sānyèlùyào

多年生草本，根状茎细长；具2～3枚叶，叶纸质，长圆形或长圆状披针形①，两面无毛，先端具短尖头，基部抱茎；花4～10朵排成总状花序④，花序轴无毛，果期伸长，花被片白色，长圆形，基部稍合生；浆果近球形②，熟时红色。

产于塔河、呼玛、额尔古纳、根河、牙克石及科尔沁右翼前旗。生于湿草地、草甸、林下及林缘。

**相似种：兴安鹿药**【*Maianthemum dahuricum*，天门冬科/百合科　舞鹤草属】单叶互生，纸质，长圆状卵形；总状花序顶生③，其数多朵花，花白色；浆果球形，熟时红色⑤。大兴安岭地区广泛分布；生于林下及林缘。

三叶鹿药具2～3枚叶，植株无毛；兴安鹿药具3枚以上叶，植株具疏毛。

# 睡莲　睡莲科 睡莲属

*Nymphaea tetragona*

Pygmy Water Lily ｜ shuìlián

多年生水生草本；叶漂浮，心状卵形或卵状椭圆形，基部具深弯缺，上面光亮，下面带红色或紫色①；叶柄细长；花单生在花梗顶端②，漂浮于水面，萼基部四棱形，萼片4，绿色；花瓣8～15③，白色，内轮几乎不变形成雄蕊，子房半下位，5～8室；浆果球形，种子多数，椭圆形，有肉质囊状假种皮。

产于额尔古纳、根河、鄂伦春旗及阿尔山。生于池沼、湖泊中。

睡莲叶片漂浮于水面，马蹄形，花漂浮水面，萼基部四棱形，花瓣多数，白色。

草本植物 花白色 辐射对称 花瓣多枚

# 芍药 白芍 芍药科/毛茛科 芍药属

**_Paeonia lactiflora_**

Chinese Peony | sháoyao

多年生草本，根圆柱形；茎下部叶为二回三出复叶①，小叶狭卵形、披针形或椭圆形，边缘密生骨质白色小齿，下面沿脉疏生短柔毛；花顶生和腋生；苞片4～5，披针形；萼片4；花瓣9～13，白色或粉红色，倒卵形②，长3～5厘米，宽1～2.5厘米；雄蕊多数；心皮4～5，无毛，柱头淡紫色；蓇葖果卵状圆锥形③；种子近球形，紫黑色。

大兴安岭地区广泛分布。生于草甸、沟谷、山坡草地及杂木林下。

芍药叶为二回三出复叶，小叶狭卵形，革质，边缘具骨质白色小齿，花多为白色，柱头淡紫色。

# 七瓣莲 七瓣花 报春花科 七瓣莲属

**_Trientalis europaea_**

European Starflower | qībànlián

多年生草本，地下茎粗壮；茎直立，无毛；叶互生，下部叶小，上部叶大；叶片矩圆状披针形或狭倒卵形①②，两面无毛，边缘全缘或有稀疏锯齿；花1～4朵腋生③，生于茎顶端，无苞片；花梗长2～4厘米；花萼钟状，花冠辐状，白色，7裂，裂片矩圆形④，顶端渐尖；子房球形；种子有皱纹。

大兴安岭地区广泛分布。生于针叶林或混交林下。

七瓣莲叶片片矩圆状披针形，近全缘，花白色，7裂。

# 草木樨状黄芪　山胡麻　豆科 黄芪属

*Astragalus melilotoides*

Sweet-clover-like Milkvetch | cǎomùxīzhuànghuángqí

多年生草本，主根粗壮；茎直立或斜生，多分枝，具条棱，被白色短柔毛或近无毛；羽状复叶有3～7片小叶①；叶柄与叶轴近等长，托叶披针形；总状花序腋生，具多数花，稀疏，明显比叶长；花小，白色或带粉红色，旗瓣近圆形②，翼瓣顶端具不均等2裂；荚果宽倒卵状球形或椭圆形；种子4～5颗，肾形，暗褐色。

产于额尔古纳、牙克石。生于向阳山坡、路旁草地或草甸草地。

草木樨状黄芪羽状复叶，小叶3～7，托叶披针形，总状花序腋生，明显比叶长；花白色或带粉红色。

1 2 3 4 5 6 7 8 9 10 11 12

# 野芝麻　白花野芝麻　唇形科 野芝麻属

*Lamium album*

White Deadnettle | yězhīma

多年生直立草本，具地下根状茎，几无毛；叶片卵状披针形①，基部心形②，叶柄长1～7厘米，向上渐短；轮伞花序4～14花；苞片狭条形，具睫毛；花萼钟状，齿5，披针状钻形，具睫毛；花冠白色或淡黄色③，上唇直伸，下唇3裂，中裂片倒肾形，顶端深凹，基部急收缩，侧裂片浅圆裂片状，顶端有一针状小齿；雄蕊4，花药暗紫色；子房无毛，花柱丝状；小坚果倒卵形④。

大兴安岭地区广泛分布。生于林下、林缘及湿润草地。

野芝麻叶片卵状披针形，叶基心形，轮伞花序，花白色，上唇直伸，下唇3裂。

1 2 3 4 5 6 7 8 9 10 11 12

## 地瓜苗　地笋　唇形科 地笋属

*Lycopus lucidus*

Shiny Bugleweed　│ dìguāmiáo

多年生草本：根状茎横走，顶端膨大，呈圆柱形；叶片矩圆状披针形①，下面有凹腺点，叶柄极短或近于无②；轮伞花序无梗，球形，多花密集；小苞片卵形至披针形；花萼钟状，齿5，披针状三角形；花冠白色③，内面在喉部有白色短柔毛，不明显二唇形，上唇顶端2裂，下唇3裂；前对雄蕊能育，后对退化为棒状假雄蕊；小坚果倒卵圆状三棱形。

产于呼玛、黑河、额尔古纳及科尔沁右翼前旗。生于沼泽地、水边、沟边等潮湿处。

地瓜苗叶片矩圆状披针形，叶柄极短，轮伞花序无梗，球形，花冠白色。

## 小米草　列当科/玄参科 小米草属

*Euphrasia pectinata*

Pectinate Eyebright　│ xiǎomǐcǎo

一年生草本，茎直立，常单一，被白色柔毛；叶对生；无柄；叶片卵形至卵圆形①，基部楔形；穗状花序疏花，苞片稍大于叶；花冠白色或淡紫色②③，上唇直立，下唇开展，裂片叉状浅裂；花药裂口露出白色须毛，药室在下面延成芒；蒴果扁，长圆形，种子白色。

产于呼玛、额尔古纳、根河、牙克石、鄂温克旗及阿尔山。生于阴坡草地、林缘及灌丛中。

小米草茎常单一，被柔毛，叶片无柄，卵形，基部楔形，穗状花序顶生，花冠白色或淡紫色。

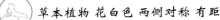

## 蒙古堇菜　白花堇菜　董菜科 董菜属

### *Viola mongolica*

Mongolian Violet　｜ měnggǔjǐncài

　　多年生草本；地下茎粗，较长；叶基生，具长或短柄；叶片卵形或宽卵形①，少近于圆形，基部心形，边缘有钝齿，两面有短柔毛；托叶披针形；花两侧对称，具长梗；花瓣白色②③，距管状，稍上弯④；果近球形，长约5厘米，无毛。

　　产于呼玛、扎兰屯。生于阔叶林、针叶林林下及林缘、石砾地等处。

　　蒙古堇菜叶基生，叶片卵形，具柄，叶基心形，花白色。

## 十字兰　十字花　兰科 玉凤花属

### *Habenaria schindleri*

Schindler's Bog Orchids　｜ shízìlán

　　植株块茎肉质，长圆形或卵圆形；茎直立，圆柱形，具多枚疏生的叶，向上渐小呈苞片状；中下部的叶4～7枚，其叶片线形①，基部成抱茎的鞘；总状花序具10～20朵花，花白色，有距，无毛，唇瓣向前伸，基部线形，近基部的1/3处3深裂呈十字形②，裂片线形，柱头2个，隆起，长圆形。

　　产于黑河、鄂伦春旗、莫力达瓦旗及扎兰屯。生于山坡林下或沟谷草丛中。

　　**相似种**：**小斑叶兰**【*Goodyera repens*，兰科 斑叶兰属】具数枚基生叶，叶卵状椭圆形，上面有白色条纹和褐色斑点，背面灰绿色；总状花序，花苞片披针形，花小，白色或带绿色或带粉红色。产于塔河、呼玛、额尔古纳、根河、牙克石、鄂伦春旗及阿尔山；生于山坡、沟谷林下。

　　十字兰具茎生叶，花有距，唇瓣3裂呈十字形；小斑叶兰叶基生，叶上面具白色条纹和褐色斑点，花无距，唇瓣不分裂。

# 红果类叶升麻

毛茛科 类叶升麻属

*Actaea erythrocarpa*

Redfruit Baneberry | hóngguǒlèiyèshēngmá

多年生草本，根状茎横走，坚实，黑褐色，生多数细根；茎圆柱形，微具纵棱；叶2～3枚，茎下部叶为三回三出近羽状复叶，具长柄；叶片三角形①；顶生小叶卵形至宽卵形，3裂，边缘有锐锯齿，侧生小叶斜卵形，不规则地2～3深裂；总状花序长约6厘米②；轴及花梗均密被短柔毛；花直径8～10毫米，密集；花瓣匙形，长约2.5毫米，顶端圆形，下部渐狭成爪；心皮与花瓣近等长；果序长4～10厘米；果实红色③，直径5～6毫米，无毛；种子约8粒，近黑色。

产于呼玛、额尔古纳、根河、塔河、阿尔山。生于林下、林缘及石质山坡。

红果类叶升麻为三回羽状复叶，小叶边缘有锯齿，总状花序顶生，花白色，浆果红色。

# 假升麻

棣棠升麻 蔷薇科 假升麻属

*Aruncus sylvester*

Goats-beard | jiǎshēngmá

多年生草本；茎粗壮，直立；大型二至三回羽状复叶②，具重锯齿；小叶质薄，卵状披针形；圆锥花序，花单性异株，花白色①；雄花雄蕊超出花冠；雌花心皮通常3个，蓇葖果并立，果梗下垂。

大兴安岭地区广泛分布。生于山沟、山坡杂木林下。

**相似种:兴安升麻**【*Cimicifuga dahurica*，毛茛科 升麻属】叶为三回三出复叶，小叶宽菱形；花序复总状，花白色；蓇葖果有短柄③。产于呼玛、黑河、额尔古纳、根河、牙克石及鄂伦春旗；生于林下及林缘。

**单穗升麻**【*Cimicifuga simplex*，毛茛科 升麻属】三出羽状复叶，具长柄，小叶狭卵形；总状花序不分枝④；花两性，白色。产于呼玛、额尔古纳、根河、牙克石、鄂伦春旗、鄂温克旗、阿尔山及科尔沁右翼前旗；生于草甸、河边草地、林下及林缘。

假升麻小叶侧脉明显，圆锥花序；兴安升麻叶为三回三出复叶，圆锥花序；单穗升麻花序总状。

## 翼果唐松草　唐松草　毛茛科　唐松草属
*Thalictrum aquilegiifolium* var. *sibiricum*

Siberian Columbine Meadow-rue

yìguǒtángsōngcǎo

多年生草本；叶为三至四回三出复叶；复聚伞花序；萼片白色或带紫色①，无花瓣，雄蕊多数，花丝白色，上部宽，下部丝形；心皮5～10，花柱短，柱头侧生；瘦果倒卵形，具3～4条纵翅②。大兴安岭地区广泛分布。生于林下及林缘。

**相似种：展枝唐松草【***Thalictrum squarrosum***，毛茛科　唐松草属】**羽状复叶向上直展；花丝细，花药条形；瘦果新月形③。产于塔河、呼玛、陈巴尔虎旗、牙克石及鄂温克旗；生于山坡草地及荒地。

**箭头唐松草【***Thalictrum simplex***，毛茛科　唐松草属】**羽状复叶④，革质；花丝丝状；柱头箭头状，瘦果椭圆形。产于呼玛、黑河、根河及牙克石；生于沟谷湿地、林缘及山坡草地。

翼果唐松草果实倒卵形，具翅；展枝唐松草果实无翅，新月形；箭头唐松草果实无翅，椭圆形，叶革质。

## 小白花地榆　黄瓜香　蔷薇科　地榆属
*Sanguisorba tenuifolia* var. *alba*

Whiteflower Siberian Burnet ｜ xiǎobáihuādìyú

多年生草本，全株无毛；根状茎肥厚，黑褐色，根较粗；茎直立，单一，上部少分枝，分枝细，斜升；基部红褐色；奇数羽状复叶①；穗状花序生于分枝顶端，长圆柱形，下垂②，花两性；苞片长圆，内弯，上部紫色，下部密被毛，萼片白色近圆形③，花丝上部膨大；瘦果近球形，具翅。

大兴安岭地区广泛分布。生湿地、草甸、林缘及林下。

小白花地榆为奇数羽状复叶，穗状花序长圆柱形，下垂，先从顶端开花，花白色。

## 叉分蓼　分叉蓼　蓼科 冰岛蓼属

*Koenigia divaricata*

Divaricate Wild Knotweed ｜ chāfēnliào

1 2 3 4 5 6 7 8 9 10 11 12

多年生草本，茎直立，叉状分枝①；叶片披针形或椭圆形，顶端渐尖，基部渐狭，有睫毛；托叶鞘膜质，开裂，有长毛或无毛；花序大型，为开展的圆锥花序；苞片膜质，内生2～3花；花白色或淡黄色②；花被5深裂；瘦果椭圆形，有3锐棱，黄褐色，有光泽，长于花被。

大兴安岭地区广泛分布。生于山坡草地、山谷灌丛。

**相似种：高山蓼【*Koenigia alpina*，蓼科 冰岛蓼属】**多年生草本，自中上部分枝，分枝不呈叉状，具纵沟；托叶鞘具疏长毛；叶卵状披针形；圆锥花序开展③，花白色，雄蕊8。产于大白山、小白山、奥克里堆山及白卡鲁等山顶上；生于海拔800～1500米的山坡草地、林缘。

1 2 3 4 5 6 7 8 9 10 11 12

叉分蓼茎直立，叉状分枝；高山蓼自中上部分枝，非叉状分枝。

## 箭叶蓼　蓼科 蓼属

*Persicaria sagittata* var. *sieboldii*

Siebold's Knotweed ｜ jiànyèliào

1 2 3 4 5 6 7 8 9 10 11 12

一年生草本，茎细弱，蔓延或近直立，四棱形，沿棱有倒生钩刺；叶柄有倒生钩刺；叶片长矛状披针形①，顶端急尖或圆钝，基部箭形，下面沿中脉有钩刺；花序头状②，通常成对，顶生；苞片矩圆状卵形，顶端急尖，花白色或淡红色；瘦果卵形，有3棱，黑色，无光泽。

产于呼玛、牙克石、鄂温克旗、扎兰屯及科尔沁右翼前旗。生于山谷、沟旁、水边。

**相似种：戟叶蓼【*Persicaria thunbergii*，蓼科蓼属】**茎四棱形，沿棱有倒生钩刺；叶片戟形③，顶端渐尖；托叶鞘膜质，圆筒状；花序聚伞状④，顶生或腋生；花白色或淡红色；雄蕊8；瘦果卵形。产于额尔古纳、扎兰屯；生于山谷湿地、山坡草丛。

1 2 3 4 5 6 7 8 9 10 11 12

箭叶蓼花序头状，叶箭形；戟叶蓼聚伞花序，叶戟形。

## 苦荞麦　蓼科 荞麦属

*Fagopyrum tataricum*

Tartarian Buckwheat　|　kǔqiáomài

一年生草本，茎直立，分枝，绿色或略带紫色；叶有长柄，叶片宽三角形①，顶端急尖，基部心形，全缘；托叶鞘膜质，黄褐色；花序总状②；花梗细长，花白色或淡红色，花被5深裂，裂片椭圆形；雄蕊8；柱头3；瘦果卵形③，有3棱，棱上部锐利，下部圆钝，黑褐色，有3条深沟。

产于大兴安岭南部山地。生田边、路旁、山坡、河谷。

苦荞麦叶片三角形，具长柄，基部心形，全缘，总状花序，花白色或淡红色。

## 波叶大黄　华北大黄　蓼科 大黄属

*Rheum rhabarbarum*

Undulate Rhubarb　|　bōyèdàhuáng

多年生草本；根茎肥厚，表面黄褐色；茎粗壮，中空，无毛，具细沟纹，不分枝；基生叶大，有长柄；叶片卵形至卵状圆形①，先端钝，基部心形，边缘波状，茎生叶较小，具短柄或几无柄，托叶鞘广阔不脱落，暗褐色，抱茎；圆锥花序顶生②，花小，多数，白绿色；花被卵形，2轮，外轮3片较厚而小；雄蕊9，子房三角状卵形，花柱3，向后弯曲，柱头膨呈圆片形；小坚果三棱形，有翅③，基部心形，具宿存花被。

产于额尔古纳、陈巴尔虎旗、牙克石及鄂温克旗。生于石质山坡、砾石地。

波叶大黄为高大草本，单叶互生，叶片卵形，叶基心形，边缘波状，圆锥花序顶生，花白绿色。

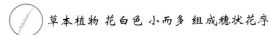

# 大穗花　大婆婆纳　车前科/玄参科 兔尾苗属

*Pseudolysimachion dauricum*

Dahurian Speedwell ｜ dàsuìhuā

多年生草本，全株密被柔毛；茎直立，单一；叶对生，三角状卵形或三角状披针形①，先端尖，边缘具缺刻状锯齿，下部常羽状分裂；总状花序顶生②，细长；花萼4深裂，裂片披针形；花冠白色；雄蕊2，伸出花冠；蒴果卵球形③。

产于漠河、呼玛、额尔古纳、根河、陈巴尔虎旗、牙克石、鄂温克旗及阿尔山。生于山坡、沟谷、林缘及岩石上。

大穗花植株被毛，茎单一，叶片三角状卵形，总状花序顶生，花白色。

# 水芋　水浮莲　天南星科 水芋属

*Calla palustris*

Wild Calla ｜ shuǐyù

多年生水生草本；根状茎粗壮，圆柱形；叶心形，长宽几相等①②，顶端尖，叶柄基部具鞘；佛焰苞宽卵形至椭圆形，顶端凸尖至短尾尖，宿存；花序具长柄，佛焰苞外面绿色，里面白色③；肉穗花序短圆柱形④；花大部分为两性，仅花序顶端者为雄性，无花被；雄蕊6；子房1室，具6~9颗胚珠；浆果靠合，橙红色。

产于黑河、额尔古纳及牙克石。成片生长于草甸、沼泽等浅水域。

水芋叶心形，佛焰苞外面绿色，里面白色，肉穗状花序圆柱形，浆果熟时橙红色。

**草本植物 花白色 小而多 组成头状花序**

# 高山蓍 菊科 蓍属

*Achillea alpina*

Siberian Yarrow | gāoshānshī

多年生草本，根状茎短；茎被疏或密的长柔毛；叶无叶柄，下部叶花期凋落，中部叶条状披针形，羽状中深裂①，裂片条形或条状披针形，有不等的锯齿或浅裂；头状花序多数，密集成伞房状②，舌状花7～8个，舌片白色，卵形，顶端有3小齿；筒状花白色；瘦果宽倒披针形，具翅，无冠毛。

产于呼玛、额尔古纳、根河、牙克石、鄂温克旗、科尔沁右翼前旗。生于山坡草地、灌丛间、林缘。

**相似种：齿叶蓍【*Achillea acuminata*，菊科 蓍属】**叶披针形，不分裂，边缘具细齿；头状花序多数排列成疏伞房状③，总苞半球形，总苞片3层，花白色④。产于呼玛、黑河、额尔古纳、根河、鄂温克旗及阿尔山；生于山坡下湿地、草甸、林缘。

高山蓍叶片一至二回羽状分裂；齿叶蓍叶片不分裂。

# 关苍术 关东苍术 菊科 苍术属

*Atractylodes japonica*

Japanese Atractylodes | guāncāngzhú

多年生草本，茎上部分枝；叶三出或三至五羽裂①，裂片矩圆形、倒卵形或椭圆形，顶端急尖，基部楔形或近圆形，边缘有平伏或内弯的细刺状锯齿②；头状花序顶生，基部叶状苞片2层，与头状花序近等长，羽状裂片刺状；总苞钟形③，总苞片7～8层；花筒状，白色，瘦果密生灰白色柔毛；冠毛淡黄色。

产于呼玛、黑河、孙吴、鄂伦春旗。生于干山坡、林缘及蒙古栎林下。

关苍术叶三至五全裂，叶缘具刚毛，头状花序顶生，苞片叶状，花白色。

草本植物 花白色 小而多 组成头状花序

# 山尖子 山尖菜 菊科 蟹甲草属

*Parasenecio hastatus*

Hastate Cacalia | shānjiānzi

多年生草本；根状茎平卧，有多数纤维状须根；茎具纵沟棱，上部被密腺状短柔毛；下部叶在花期枯萎凋落，中部叶叶片三角状戟形①，顶端急尖或渐尖②，基部戟形或微心形，最上部叶和苞片披针形至线形；头状花序多数，总苞圆柱形③，花冠淡白色，瘦果圆柱形，淡褐色，冠毛白色。

产于塔河、呼玛、黑河、额尔古纳、根河、牙克石、鄂温克旗、科尔沁右翼前旗。生于林下、林缘或草丛中。

山尖子叶柄基部无叶耳，不抱茎；叶片三角状戟形，基部下延呈楔形，总苞圆柱形，花白色。

# 东风菜 大耳毛 菊科 紫菀属

*Aster scaber*

Scabrous Doellingeria | dōngfēngcài

多年生直立草本；叶互生①，心形②，边缘有具大小尖头的齿，两面有糙毛；中部以上的叶常有楔形具宽翅的叶柄；头状花序排成圆锥伞房状③；总苞片3层，不等长，边缘宽膜质；外围1层雌花约10个，舌状，舌片白色，条状矩圆形；蒴果倒卵圆形或椭圆形，冠毛污黄白色。

产于黑河、孙吴、根河、牙克石、鄂伦春旗、阿荣旗、科尔沁右翼前旗。生于林下、路旁、山坡草地。

东风菜叶心形或卵状三角形，基部下延成翅，头状花序排列成伞房状，总苞片3层，舌状花白色。

# 大丁草
**臁草** 菊科 大丁草属

*Leibnitzia anandria*

Common Leibnitzia | dàdīngcǎo

　　多年生草本，有春秋二型；叶基生，莲座状，宽卵形或倒披针状长椭圆形①，春型叶较小，秋型叶较大；花茎直立，密生白色蛛丝状绵毛，后渐脱落，苞片条形；头状花序单生②，直径约2厘米，春型的有舌状花和筒状花，秋型的仅有筒状花；总苞筒状钟形；总苞片约3层，外层较短，条形，内层条状披针形；舌状花1层，雌性；筒状花两性；瘦果两端收缩；冠毛污白色③。

　　产于额尔古纳、科尔沁右翼前旗。生于林缘、山坡草地、沟旁。

　　大丁草具春秋二型，全株被白色绵毛；叶基生，叶基心形，边缘具波状齿，头状花序单生，花白色。

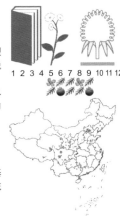

# 火绒草
菊科 火绒草属

*Leontopodium leontopodioides*

Common Edelweiss | huǒróngcǎo

　　多年生草本；地下茎粗壮，无莲座状叶丛；茎被长柔毛或绢状毛；叶直立，条形或条状披针形①，长2～4.5厘米，宽0.2～0.5厘米，无鞘，无柄，上面灰绿色，被柔毛，下面被白色或灰白色密绵毛；苞叶少数，矩圆形或条形②，两面或下面被白色或灰白色厚茸毛，多少开展成苞叶群或不排列成苞叶群③；头状花序直径7～10毫米，3～7个密集，稀1个或较多，或有总花梗而排列成伞房状；总苞半球形，被白色绵毛；冠毛基部稍黄色；瘦果有乳突或密绵毛。

　　产于黑河、额尔古纳、牙克石、扎兰屯、阿尔山、科尔沁右翼前旗。生于河边、林缘、石质山坡。

　　火绒草叶条形，头状花序3～7个集生，外有1～4个不等长的苞叶群包围。

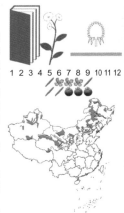

# 深山露珠草　柳叶菜科 露珠草属

***Circaea alpina* subsp. *caulescens***

Caulescent Enchanter's Nightshade

shēnshānlùzhūcǎo

茎被毛，叶不透明，卵形、阔卵形至近三角形①，基部圆形至截形或心形，先端急尖至短渐尖，边缘具浅或极明显的牙齿②；花序无毛，稀疏被腺毛，萼片狭卵形、阔卵形至矩圆状卵形，花瓣白色或粉红色③④，倒卵形④，中部下凹的倒卵形或倒三角形，花瓣裂片圆形；果实棍棒状。

产于呼玛、黑河、额尔古纳、根河、牙克石、科尔沁右翼前旗。生于阴湿地段及覆盖着苔藓的岩石上或木头上，或生于寒温带落叶林、针阔混交林及北方针叶林下较干燥的土壤上，垂直分布自海平面至海拔1500米。

深山露珠草单叶对生，卵形，表面被柔毛，花序顶生，花白色或粉红色。

# 花旗杆　齿叶花旗杆　十字花科 花旗杆属

***Dontostemon dentatus***

Dentate Dontostemon　huāqígān

二年生草本，茎直立①，有分枝；叶披针形或矩圆状条形②，先端急尖，基部渐狭，边缘有数个疏锯齿，两面散生单毛，下部叶具柄，上部叶无柄；总状花序顶生及侧生，花瓣紫色，倒卵形③，基部有爪；长角果狭条形，直立，无毛，种子1行，卵形，扁平，淡褐色，稍有翅。

大兴安岭地区广泛分布。多生于石砾质山地、岩石隙间、山坡、林边及路旁。

花旗杆叶披针形，边缘具疏锯齿，总状花序，花紫色，长角果。

# 柳兰 柳叶菜科 柳兰属

*Chamerion angustifolium*

Fireweed | liǔlán

多年生草本，根状茎匍匐；茎不分枝；叶片互生，披针形，全缘或有细锯齿；总状花序顶生①，伸长，苞片线形；花大，不整齐，两性，花萼紫红色，具4深裂裂片，条状披针形；花瓣倒卵形，紫红色；雄蕊8；子房下位，4室，柱头4裂；蒴果圆柱形②，略带4棱；种子多数，顶端具一簇白色种缨。

1 2 3 4 5 6 7 8 9 10 11 12

大兴安岭地区广泛分布。生于路边、林间草地、林缘、采伐迹地以及山谷沼泽地。

柳兰茎不分枝，叶互生，披针形，总状花序顶生，花4数，紫红色。

# 水湿柳叶菜 沼生柳叶菜 柳叶菜科 柳叶菜属

*Epilobium palustre*

Marshy Willow Weed | shuǐshīliǔyècài

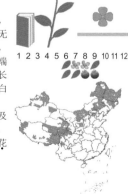

多年生草本，茎上部被曲柔毛；下部叶对生，上部叶互生，条状披针形至近条形，通常全缘，无毛，近无柄；花两性，4数花，单生于上部叶腋，粉红色①，花萼裂片被短柔毛；花瓣倒卵形，顶端凹缺，子房下位；蒴果圆柱形②，被曲柔毛，具长1~2厘米的果柄；种子近倒披针形，顶端有1簇白色种缨。

1 2 3 4 5 6 7 8 9 10 11 12

产于呼玛、黑河、额尔古纳、根河、牙克石及阿尔山。生于河边、湖边湿地、沼泽地及山阴坡。

水湿柳叶菜叶片披针形，全缘，叶基楔形，花4数，单生，粉红色，蒴果圆柱形。

# 扁蕾　龙胆科 扁蕾属

## *Gentianopsis barbata*

Barbed Gentianopsis ｜ biǎnlěi

　　一年生或二年生草本，茎直立，四棱形，分枝；叶对生①，茎基部的叶匙形或条状披针形，排列成辐状，茎上部的叶4～10对，条状披针形，边缘稍反卷；单花顶生，蓝紫色，花冠钟状②，顶端4裂，裂片椭圆形，具微波状齿，近基部边缘具流苏状毛；蒴果，种子卵圆形，具指状突起。

　　产于呼玛、塔河、额尔古纳、根河、陈巴尔虎旗、牙克石、扎兰屯、科尔沁右翼前旗。生于林缘、湿草地、河边。

　　扁蕾叶对生，条状披针形，单花顶生，4数花，钟状，蓝紫色。

# 石竹　石竹科 石竹属

## *Dianthus chinensis*

Rainbow Pink ｜ shízhú

　　多年生草本，茎簇生，无毛；叶条形或宽披针形①，有时为舌形；花顶生于分叉的枝端，有时成圆锥状聚伞花序②；花下有4～6苞片；萼圆筒形，花瓣鲜红色、白色或粉红色，瓣片扇状倒卵形③，喉部有深色斑纹和疏生须毛；蒴果矩圆形，种子灰黑色，卵形，微扁，缘有狭翅。

　　产于黑河、孙吴、额尔古纳、陈巴尔虎旗、牙克石。生于草原、山坡草地、林缘。

　　**相似种：瞿麦**【*Dianthus superbus*，石竹科 石竹属】叶线状披针形，全缘，聚伞花序顶生，花瓣淡紫红色，花瓣边缘细裂成流苏状④。产于呼玛、鄂温克旗、扎兰屯、阿尔山；生于草甸、山坡草地及林下。

　　石竹花瓣边缘具不规则的浅齿裂；瞿麦花瓣边缘细裂成流苏状。

## 小花耧斗菜 耧斗菜 毛茛科 耧斗菜属

*Aquilegia parviflora*

Smallflower Columbine | xiǎohuālóudǒucài

根圆柱形，灰褐色；基生叶少数①，为二回三出复叶，叶片轮廓三角形，近革质，顶端3浅裂，浅裂片圆形，全缘或有时具2~3粗圆齿，侧面小叶通常无柄，2浅裂；花3~6朵，苞片线状深裂，萼片开展，蓝紫色②，花瓣瓣片钝圆形③，具短距；蓇葖果，种子黑色。

产于呼玛、额尔古纳、根河、陈巴尔虎旗、牙克石、鄂伦春旗、扎兰屯。生林缘、开阔的坡地或林下。

**相似种：尖萼耧斗菜【**Aquilegia oxysepala，毛茛科 耧斗菜属**】**一至二回三出复叶，小叶3裂；聚伞花序，苞片披针形，全缘；5数花，萼片与距为紫色④，花瓣淡黄色，心皮常5。产于塔河、呼玛、牙克石、鄂伦春旗；生于林下、林缘及山坡草地。

小花耧斗菜苞片分裂，萼片蓝紫色；尖萼耧斗菜苞片全缘，萼片紫色。

## 紫八宝 紫景天 景天科 八宝属

*Hylotelephium purpureum*

Purple Stonecrop | zǐbābǎo

多年生草本；块根多数；茎直立，单生或少数聚生；叶互生，卵状椭圆形至长圆形，通常茎上部叶无柄①，基部圆；茎下部叶基部楔形，顶端急尖，基部渐狭，边缘上部有波状钝齿；伞房花序顶生②，花密生③；萼片5，披针形；花瓣5，紫色④，卵状披针形，急尖；雄蕊10；心皮5，直立，披针形，离生；蓇葖果披针形；种子小，条形，褐色。

大兴安岭地区广泛分布。生于林下、灌丛及草甸。

紫八宝叶互生、条形、肉质，伞房花序顶生，5数花，紫色。

# 沼委陵菜　东北沼委陵菜　蔷薇科 沼委陵菜属

*Comarum palustre*

Marsh Cinquefoil　｜　zhǎowěilíngcài

　　多年生半灌木；根状茎匍匐，茎中空，上部密生柔毛及腺毛；羽状复叶，小叶5～7，椭圆形或矩圆形①，先端圆钝，基部楔形，边缘有锐齿，下面灰绿色，有柔毛，小叶无柄；托叶卵形；伞房花序顶生或腋生②，有1至数花，花萼和花瓣皆紫色③；瘦果卵形，黄褐色，扁平，无毛。

　　产于塔河、呼玛、黑河、额尔古纳、根河、牙克石、鄂温克旗、阿尔山。生于沼泽及泥炭沼泽。

　　沼委陵菜植株被毛，奇数羽状复叶，伞房花序，花紫色。

# 北悬钩子　小托盘　蔷薇科 悬钩子属

*Rubus arcticus*

Arctic Raspberry　｜　běixuángōuzǐ

　　草本状小灌木；根状茎木质，横走；三出复叶①，顶小叶卵状菱形，先端稍ны尖，基部宽楔形，有短柄，侧小叶卵形，基部偏斜，近无柄；花单一②，生于茎的顶端，或1～2朵侧生，两性或单性，花瓣6～7枚，倒卵形，有时先端凹缺，玫瑰色；聚合果有小核果20余枚③④，小核果圆球形。

　　产于塔河、呼玛、额尔古纳、根河、牙克石、鄂伦春旗、阿尔山。生于林下阴湿处。

　　北悬钩子三出复叶，顶小叶卵状菱形，花单生茎顶，玫瑰色，聚合果红色。

# 兴安老鹳草  牻牛儿苗科 老鹳草属

*Geranium maximowiczii*

Maximowicz Cranesbill | xīng'ānlǎoguàncǎo

多年生草本；根状茎短粗，生有肉质粗根；茎直立，多次二歧分枝；叶对生，叶近肾状圆形，5深裂①；花序腋生，2花②，花瓣紫红色；蒴果长约2.5厘米，有微柔毛。

大兴安岭地区广泛分布。生于林下、林缘、灌丛及湿草地。

**相似种：灰被老鹳草【***Geranium wlassowianum***，牻牛儿苗科 老鹳草属】**叶片肾圆形，常5深裂，叶背面灰白色；花腋生，常具2花，淡紫红色③。大兴安岭地区广泛分布；生于草甸、沼泽地、林下。**芹叶牻牛儿苗【***Erodium cicutarium***，牻牛儿苗科 牻牛儿苗属】**二回羽状深裂；伞形花序腋生；花瓣紫色或淡红色④。产于漠河；生于山坡、路旁、林缘。

兴安老鹳草单叶，背面灰绿色；灰被老鹳草单叶，背面灰白色；芹叶牻牛儿苗叶羽状分裂。

# 突节老鹳草  老鹳草 牻牛儿苗科 老鹳草属

*Geranium krameri*

Kramer's Geranium | tūjiélǎoguàncǎo

多年生草本，根茎直生或斜生，具块根；茎直立，假二叉状分枝；叶基生和茎上对生；托叶三角状卵形；基生叶和茎下部叶具长柄；叶片肾圆形，掌状深裂；花序腋生和顶生①，每梗具2花；萼片椭圆状卵形，被疏柔毛；花瓣紫红色或苍白色，倒卵形②；雄蕊与萼片近等长；雌蕊被短伏毛，花柱棕色；蒴果③。

产于塔河、呼玛、鄂伦春旗、鄂温克旗及科尔沁右翼前旗。生于草甸、灌丛或田边杂草丛。

**相似种：鼠掌老鹳草【***Geranium sibiricum***，牻牛儿苗科 老鹳草属】**茎多分枝；叶对生，掌状5深裂；花单生叶腋④，花瓣淡红色。产于塔河、呼玛、额尔古纳、牙克石、鄂伦春旗、扎兰屯、科尔沁右翼前旗；生于林缘、疏灌丛、河谷草甸，或为杂草。

突节老鹳草每个花梗具2花，花多为紫红色；鼠掌老鹳草每个花梗具1花，花为淡红色。

## 野亚麻　亚麻科 亚麻属
### *Linum stelleroides*
Wild Flax ｜ yěyàmá

一年生或二年生草本；茎直立，圆柱形，光滑；叶互生，线形、线状披针形①，密集；单花或多花组成聚伞花序；花5基数，淡紫色或蓝紫色②，萼片边缘具黑色腺点；蒴果球形或扁球形③，直径3～5毫米，有纵沟5条，室间开裂，顶端突尖；种子长圆形，褐色。

产于呼玛、黑河、陈巴尔虎旗。生于干山坡。

野亚麻叶互生、线形、密集，花5基数，淡紫色或蓝紫色，萼片边缘具黑色腺点。

## 白鲜　八股牛　芸香科 白鲜属
### *Dictamnus dasycarpus*
Densefruit Dittany ｜ báixiān

多年生草本，全株有强烈香气，基部木质；根斜出，肉质，淡黄白色；奇数羽状复叶，叶柄具翼；小叶9～13，革质，卵形至卵状披针形①②，长3～9厘米，宽1.5～3厘米，顶端渐尖或锐尖，基部宽楔形，边缘有锯齿，沿脉被毛；总状花序顶生①，花柄基部有条形苞片1；花大型，淡紫色；萼片5，宿存；花瓣5，长2～2.5厘米，下面一片下倾并稍大；雄蕊10，伸出于花瓣外③；蒴果5室，裂瓣顶端呈锐尖的喙④，密被棕黑色腺点及白色柔毛。

大兴安岭地区广泛分布。生于草甸、林缘、疏林下、灌丛。

白鲜植株具强烈香气，奇数羽状复叶，小叶革质，总叶柄具翼，总状花序顶生，花淡紫色。

## 北锦葵 冬葵 野葵 锦葵科 锦葵属
*Malva verticillata*
Cluster Mallow | běi jǐn kuí

二年生草本；茎直立，有星状长柔毛；叶互生，肾形至圆形①，掌状5～7浅裂，两面被极疏糙伏毛或几无毛；叶柄长2～8厘米；托叶有星状柔毛；花小，淡紫色，常丛生叶腋间②；小苞片3③，有细毛；萼杯状5齿裂；花瓣5，倒卵形，顶端凹入；子房10～11室；果扁圆形，由10～11心皮组成，熟时心皮彼此分离并与中轴脱离。

大兴安岭地区广泛分布。生于山坡草地、村庄附近。

北锦葵单叶互生，掌状浅裂，多花腋生，淡紫色。

## 狼毒 断肠草 洋火头花 瑞香科 狼毒属
*Stellera chamaejasme*
Chinese Stellera | láng dú

多年生草本；根茎木质，粗壮，圆柱形；茎直立，丛生，不分枝；叶较密集，披针形或长圆状披针形，先端渐尖，基部钝圆或楔形，两面光滑；头状花序顶生；花萼筒细瘦，紫色，顶端5裂，内表面白色；小坚果圆锥形，棕色。

大兴安岭地区广泛分布。生于林缘草甸、向阳石质山地、草地。

瑞香狼毒茎直立、丛生，叶密集，披针形，头状花序顶生，花萼筒紫色，内表面白色。

## 樱草 翠南报春 报春花科 报春花属
### *Primula sieboldii*
Siebold Primrose | yīngcǎo

多年生草本；根状茎倾斜或平卧；叶基生，长椭圆形①，长6~10厘米，宽4~6厘米，先端钝圆，基部心形，边缘有不整齐圆缺刻和锯齿，两面光滑，略被纤毛；伞形花序一轮②，苞片基部无浅囊，有花6~15朵；花萼钟形，裂片披针状三角形；花冠淡红色，高脚碟状，裂片开展，倒心形，顶端凹缺③；蒴果近球形，长约为花萼的一半。

生于塔河、黑河、额尔古纳、牙克石、鄂伦春旗、科尔沁右翼前旗。生于林下湿处。

**相似种：粉报春【*Primula farinosa*，报春花科 报春花属】**叶基生，倒卵状矩圆形；伞形花序一轮，苞片基部呈浅囊状；花淡紫红色，喉部黄色④，高脚碟状；蒴果圆柱形。产于额尔古纳；生于低湿草甸、沼泽化草甸、亚高山草甸。

樱草叶片边缘浅裂，苞片基部无浅囊，花冠淡红色；粉报春叶片不分裂，苞片基部呈浅囊状，花淡紫红色，喉部黄色。

## 肋柱花 辐状肋柱花 龙胆科 肋柱花属
### *Lomatogonium rotatum*
Marsh Felwort | lèizhùhuā

一年生草本；茎不分枝或自基部有少数分枝，近四棱形，直立，绿色或常带紫色；叶对生，无柄，狭长披针形、披针形至线形；花序顶生或腋生，由聚伞花序组成复总状；花5基数，花萼狭条形，花冠淡蓝紫色；蒴果狭椭圆形或倒披针状椭圆形，与花冠等长或稍长；种子淡褐色，圆球形，光滑。

产于漠河、呼玛、牙克石、额尔古纳、阿尔山。生于水沟边、山坡草地。

肋柱花茎近四棱形，单叶对生，无柄，披针形，花萼狭条形，花浅蓝紫色。

# 鳞叶龙胆  小龙胆  龙胆科 龙胆属

***Gentiana squarrosa***

Roughleaf Gentian | línyèlóngdǎn

一年生草本；茎纤细，多分枝②，近四棱，密被短腺毛；基生叶大，莲座状，茎生叶对生，卵圆形，先端具芒刺，基部渐狭；花钟形①，蓝色③，单生于小枝顶端，花萼裂片先端有芒刺①；雄蕊5；子房上位，花柱短；蒴果外露，倒卵状矩圆形，先端圆形，有宽翅，两侧边缘有狭翅，基部渐狭成柄，柄粗壮，直立；种子黑褐色，椭圆形或矩圆形，表面有白色光亮的细网纹。

产于根河、科尔沁右翼前旗。生于河岸湿草地、山坡、草甸、林下。

鳞叶龙胆茎纤细，多分枝，叶对生，卵圆形，先端具芒刺，花单生枝顶，蓝色，花萼先端具芒刺。

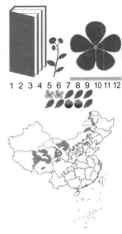

1 2 3 4 5 6 7 8 9 10 11 12

# 三花龙胆  龙胆科 龙胆属

***Gentiana triflora***

Threeflower Gentian | sānhuālóngdǎn

多年生草本，全株无毛；叶对生，线状披针形①；花簇生枝顶及叶腋，常3～7朵，蓝紫色②，苞叶多数，花冠筒里面无斑点；蒴果长圆形，具柄。

大兴安岭地区广泛分布。生于草甸、林下、疏林下。

**相似种：龙胆【*Gentiana scabra*，龙胆科 龙胆属】**叶卵形；花簇生，苞片披针形；花冠筒状钟形③，蓝紫色；蒴果细长，有柄。产于呼玛、黑河、额尔古纳、牙克石、扎兰屯、科尔沁右翼前旗；生于草甸、山坡灌丛、林缘。**秦艽【*Gentiana macrophylla*，龙胆科 龙胆属】**基生叶大，莲座状；聚伞花序呈头状④；萼非筒状，一侧开裂；花冠蓝色；子房无柄；蒴果卵状长圆形；种子褐色。大兴安岭地区广泛分布；生于林下、林缘、草甸。

三花龙胆叶线状披针形；龙胆叶卵形；秦艽聚伞花序呈头状，具基生叶，前两者无。

1 2 3 4 5 6 7 8 9 10 11 12

1 2 3 4 5 6 7 8 9 10 11 12

## 花葱 中华花葱 花葱科 花葱属

*Polemonium chinense*

Chinese Jacob's Ladder | huācōng

多年生草本；根状茎横生；茎单一，直立或基部上升，不分枝，无毛或上部有腺毛；叶为奇数羽状复叶①；小叶矩圆状披针形、披针形或窄披针形，全缘，小叶无柄；花疏生，成顶生圆锥花序②；花萼钟状，无毛或有短腺毛，裂片卵形；花冠辐状或宽钟状，蓝色或浅蓝色，裂片圆形③，边缘疏生缘毛；蒴果宽卵形④；种子深棕色。

大兴安岭地区广泛分布。生于湿草地、针阔叶混交林下。

花葱叶互生，奇数羽状复叶，小叶全缘，圆锥花序，花辐状，蓝色。

## 红花鹿蹄草 杜鹃花科/鹿蹄草科 鹿蹄草属

*Pyrola incarnata*

Redflower Pyrola | hónghuālùtícǎo

多年生常绿草本；根状茎细长横生，斜升；叶薄革质，圆形或卵状椭圆形①，基部和顶端圆形，边缘近全缘，两面叶脉稍隆起；花葶有1～3个苞片，苞片宽披针形至狭矩圆形；总状花序②；花深红色或粉红色，宽钟状③；苞片披针形，膜质；萼片三角状宽披针形，渐尖头；花柱长外露，下倾，上部向上弯，顶端略加粗成柱头盘；蒴果扁圆球形④。

大兴安岭山区广泛分布。生于林下。

红花鹿蹄草叶薄革质，圆形，近全缘，总状花序，苞片披针形；花红色。

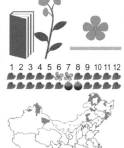

# 鹤虱　紫草科 鹤虱属

***Lappula myosotis***

Myosotis Stickseed　| hèshī

一年生草本，有细糙毛，茎1至数条，常多分枝；叶披针形或条形①，密被细糙毛；花序顶生，长达15厘米；苞片披针状条形；花有短梗；花萼长约3.5毫米，5深裂；花冠淡蓝色②，比萼稍长，喉部附属物5；雄蕊5，内藏；子房4裂，柱头扁球形；小坚果4，卵形③，有小疣状突起，沿棱有2～3行锚状刺。

产于额尔古纳、陈巴尔虎旗、牙克石、鄂伦春旗、阿尔山。生于向阳山坡草地。

**相似种：东北鹤虱【*Lappula redowskii*，紫草科 鹤虱属】**叶狭披针形或线形，花序顶生，多分枝④；花淡蓝色；小坚果扁三棱形，边缘有一行锚状刺。产于塔河、呼玛、鄂伦春旗、扎兰屯、科尔沁右翼前旗；生于向阳山坡草地。

鹤虱小坚果背面边缘有2～3行锚状刺；东北鹤虱小坚果背面边缘有单行锚状刺。

# 附地菜　紫草科 附地菜属

***Trigonotis peduncularis***

Cucumber herb　| fùdìcài

一年生草本；茎1至数条，直立或渐升，常分枝，有短糙伏毛；基生叶有长柄；叶片椭圆状卵形、椭圆形或匙形①；茎下部叶似基生叶，中部以上的叶有短柄或无柄；总状花序生于枝顶②③，花有细梗；花萼5深裂，裂片矩圆形或披针形；花冠蓝色，喉部黄色（③左下），5裂，喉部附属物5；雄蕊5，内藏；子房4裂；小坚果4④，四面体形，有短柄，棱尖锐。

产于黑河、额尔古纳、牙克石、鄂伦春旗、科尔沁右翼前旗。生于向阳草地、灌丛。

附地菜茎细弱，多分枝，单叶互生，总状花序生于枝顶，花小，蓝色。

## 草原勿忘草　　紫草科 勿忘草属

*Myosotis suaveolens*

Fragrant Forget-me-not　|　cǎoyuánwùwàngcǎo

多年生草本；根状茎短粗，丛生；茎多数，直立，强壮，稍有棱，被有开展或半伏生的糙硬毛；叶披针形或倒披针形，先端极尖，淡灰色；总状花序花期短，果期伸长，无叶，被镰状伏毛；花萼5深裂，裂片披针形；花天蓝色，花冠檐部卵圆形，旋转状排列；雄蕊5，内藏；子房4裂；小坚果卵形，顶端钝，有光泽，稍扁平，深灰色。

产于塔河、黑河、额尔古纳、牙克石、鄂伦春旗、阿尔山、科尔沁右翼前旗。生于山坡、草甸。

草原勿忘草密集丛生，被毛，叶披针形，总状花序，花天蓝色。

## 脬囊草　　大头狼毒 泡囊草　　茄科 脬囊草属

*Physochlaina physaloides*

Common Physochlaina　|　pāonángcǎo

根状茎可发出1至数茎，茎幼时有腺质短柔毛；单叶互生，叶卵形①，顶端急尖，基部宽楔形，全缘而微波状，两面幼时有毛；花序为伞形式聚伞花序，有鳞片状苞片；花萼筒状狭钟形，5浅裂，果时增大成卵状或近球状，萼齿向内倾斜顶口不闭合；花冠漏斗状②③，紫色，筒部色淡，5浅裂；雄蕊稍伸出于花冠；蒴果，种子扁肾状，黄色。

产于额尔古纳。生于山坡草地或林缘。

脬囊草单叶互生，叶卵形，全缘而微波状，聚伞花序，花冠漏斗状，紫色。

## 展枝沙参　东北沙参　桔梗科 沙参属

*Adenophora divaricata*

Spreading Lady Bells ｜ zhǎnzhī shāshēn

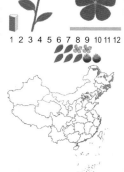

多年生草本，有白色乳汁，根胡萝卜形；茎生叶3～4个轮生，无柄，叶片菱状卵形、狭卵形或狭矩圆形②④，边缘有锐锯齿；圆锥花序塔形，无毛或近无毛，开展，花序中部以上的分枝互生；花下垂；花萼无毛，裂片5，披针形；花冠蓝紫色，钟状，5浅裂，雄蕊5，花柱与花冠近等长；蒴果③。

产于呼玛、黑河、根河、牙克石、鄂伦春旗、扎兰屯、阿尔山。生于草甸、林缘。

**相似种：轮叶沙参**【*Adenophora tetraphylla*，桔梗科 沙参属】茎生叶4～5片轮生，叶缘中上部有锯齿，下部全缘；圆锥花序①，分枝轮生，花萼丝状钻形，花蓝色，花柱明显伸出。大兴安岭地区广泛分布；生于草地和灌丛中。

展枝沙参花柱与花冠近等长；轮叶沙参花柱明显伸出花冠。

## 狭叶沙参　柳叶沙参　桔梗科 沙参属

*Adenophora gmelinii*

Gmelin's Ladybell ｜ xiáyèshāshēn

多年生草本；根茎单生或数枝发自一条茎基上，不分枝；茎生叶互生，集中于中部，狭条形或条形①，近全缘；聚伞花序全为单花而组成假总状花序；花萼裂片5，为披针形，花冠宽钟状，蓝色或淡紫色②，花柱内藏，短于花冠；蒴果椭圆形③；种子椭圆状，黄棕色，有一条翅状棱。

大兴安岭地区广泛分布。生于山坡、灌丛、林缘。

狭叶沙参叶互生，集中于茎中部，狭条形，花冠蓝色，花柱短于花冠。

草本植物 花紫色或近紫色 辐射对称 花瓣五

# 聚花风铃草 桔梗科 风铃草属

**Campanula glomerata**

Clustered Bellflower | jùhuāfēnglíngcǎo

多年生草本；茎直立，高大；茎生叶下部的具长柄，上部的无柄，椭圆形，长卵形至卵状披针形①，叶边缘有尖锯齿；花数朵集成头状花序②，生于茎中上部叶腋间，无总梗，亦无花梗，在茎顶端，由于节间缩短、多个头状花序集成复头状花序，越向茎顶，叶越来越短而宽，最后成为卵圆状三角形的总苞状，每朵花下有一枚大小不等的苞片，在头状花序中间的花先开，其苞片也最小；花萼裂片钻形；花冠蓝紫色，管状钟形③，分裂至中部；蒴果倒卵状圆锥形；种子长矩圆状。

大兴安岭地区广泛分布。生于林间草地、路旁、林缘。

聚花风铃草叶椭圆形，花数朵集成头状花序，生于茎上部叶腋间，无花梗，花蓝紫色。

# 桔梗 铃当花 包袱花 桔梗科 桔梗属

**Platycodon grandiflorus**

Balloon Flower | jiégěng

多年生草本，有白色乳汁；根胡萝卜形，皮黄褐色；茎无毛，叶3枚轮生，对生或互生，无毛；叶片卵形至披针形①②，边缘有尖锯齿，下面被白粉；花1至数朵生茎或分枝顶端③；花萼无毛，有白粉，裂片5，三角形至狭三角形；花冠蓝紫色，宽钟状，无毛，5浅裂；雄蕊5，花丝基部变宽；子房下位，5室，花柱5裂；蒴果倒卵圆形④。

大兴安岭地区广泛分布。生于山坡草地、林缘、灌丛及草甸。

桔梗根粗壮，叶卵形，近无柄，边缘具齿，花蓝紫色，宽钟形，较大。

# 黑水缬草　　忍冬科/败酱科 缬草属

## *Valeriana amurensis*

Amur Valeriana ｜ hēishuǐxiécǎo

多年生草本；根状茎缩短，不明显；茎直立，不分枝，被毛，向上至花序，具柄的腺毛渐增多；叶对生，一回羽状全裂①；花成伞房状多歧聚伞花序②，花梗及分枝被腺毛和粗毛，苞片和小苞片羽状全裂至条形；花冠淡粉色③，筒状，5裂；雄蕊3；子房下位；瘦果窄三角卵形，长约3毫米，顶端有毛状宿萼。

产于塔河、呼玛、科尔沁右翼前旗。生于山坡草地、林缘及林下。

黑水缬草叶对生，一回羽状全裂，多歧聚伞花序，被腺毛，花淡粉色。

# 千屈菜　水柳　千屈菜科 千屈菜属

## *Lythrum salicaria*

Purple Loosestrife ｜ qiānqūcài

多年生草本；茎直立，多分枝，四棱形或六棱形，被白色柔毛或变无毛；叶对生或3枚轮生，狭披针形，无柄，有时基部略抱茎①；总状花序顶生②；花两性，数朵簇生于叶状苞片腋内，具短梗；花萼筒状；花瓣6，紫色③，生于萼筒上部；雄蕊12，6长6短；子房上位，2室；蒴果包藏于萼内，2裂，裂片再2裂。

产于塔河、牙克石、额尔古纳、鄂伦春旗、科尔沁右翼前旗。生于河岸、湖畔、溪沟边和潮湿草地。

千屈菜茎有棱，叶狭披针形，无柄，总状花序顶生，6基数花，紫色。

# 兴安白头翁　白头翁　毛茛科 白头翁属

*Pulsatilla dahurica*

Dahurian Pulsatilla　│　xīng'ānbáitóuwēng

　　多年生草本；叶一至二回羽状分裂，裂片长圆形，裂片常具锯齿，叶缘无毛；总苞钟状；花被紫色①；聚合果直径约10厘米，宿存花柱有伸展的柔毛②。

　　产于呼玛、黑河、额尔古纳、扎兰屯。生于山地草坡。

　　**相似种：白头翁【***Pulsatilla chinensis***，毛茛科白头翁属】**叶三出，裂片倒卵形，顶端具大圆齿，叶背面及总苞被毛，花蓝紫色③。产于陈巴尔虎旗、科尔沁右翼前旗、额尔古纳、根河；生于山坡草地及林缘。**掌叶白头翁【***Pulsatilla patens* subsp. *multifida***，毛茛科 白头翁属】**叶近圆形，掌状三全裂，终裂片披针形，花蓝紫色④。大兴安岭地区广泛分布；生于山坡林下、沼泽地。

　　兴安白头翁叶一至二回羽状分裂；白头翁叶三出全裂；掌叶白头翁叶掌状三全裂。

# 细叶白头翁　毛茛科 白头翁属

*Pulsatilla turczaninovii*

Slenderleaf Pulsatilla　│　xìyèbáitóuwēng

　　多年生草本；基生叶4～5，狭椭圆形，有长柄，为二至三回羽状分裂，最终裂片线形；叶柄有柔毛；花葶有柔毛；总苞钟形，苞片细裂①；花直立；萼片6，蓝紫色，卵状长圆形或椭圆形②，顶端微尖或钝，背面有长柔毛；瘦果纺锤形，有向上斜展的长柔毛。

　　产于额尔古纳、陈巴尔虎旗、牙克石、鄂温克旗、扎兰屯。生于草原、山地草坡或林边。

　　**相似种：蒙古白头翁【***Pulsatilla ambigua***，毛茛科 白头翁属】**叶二至三回羽状分裂，羽片近无柄，羽状深裂，小裂片线状披针形③，被毛；花钟形④，蓝紫色。产于额尔古纳、根河、鄂温克旗、扎兰屯、陈巴尔虎旗；生于干山坡。

　　细叶白头翁中下部叶羽片具长柄，叶最终裂片线形；蒙古白头翁羽片近无柄，叶最终裂片披针形。

# 薤白 小根蒜 石蒜科/百合科 葱属

***Allium macrostemon***

Longstamen Onion | xièbái

多年生草本；鳞茎近球状，鳞茎外皮棕黑色，纸质或膜质，不破裂；叶3～5枚，半圆柱形或条形①，长15～30厘米；花葶圆柱状；总苞长度约为花序的1/2，宿存；伞形花序半球形或球形②，密聚珠芽，间有数朵花或全为花；花梗等长，长为花被的2～4倍，具苞片；花被宽钟状，红色至粉红色；花被片具1深色脉，长4～5毫米，矩圆形至矩圆状披针形③，钝头；花丝比花被片长1/4～1/3，基部三角形向上渐狭成锥形，仅基部合生并与花被贴生，内轮基部比外轮基部略宽或为1.5倍；花柱伸出花被；蒴果；种子黑色。

大兴安岭地区广泛分布。生于向阳山坡草地、田边。

薤白鳞茎外皮棕黑色，花葶圆柱状，伞形花序球形，具珠芽，花粉红色。

# 砂韭 砂葱 石蒜科/百合科 葱属

***Allium bidentatum***

Bidentate Onion | shājiǔ

多年生草本；鳞茎常紧密地聚生在一起，圆柱状②，有时基部稍扩大；叶半圆柱状①，伞形花序半球状，花较多，密集；花红色至淡紫红色③；雄蕊6，基部每侧各具1齿；子房卵球状，外壁具细的疣疱状突起或突起不明显，基部无凹陷的蜜穴；花柱不伸出花被。

产于额尔古纳、陈巴尔虎旗、牙克石。生于向阳山坡草地。

**相似种：山韭【*Allium senescens*，石蒜科/百合科 葱属】**叶基生，扁平，线形；花葶圆柱状；总苞白色，短于花梗；花淡红色④；花柱常伸出花被。产于黑河、额尔古纳、根河、牙克石、鄂伦春旗、科尔沁右翼前旗；生于草原、草甸或山坡上。

砂韭总苞与花梗近等长，花柱不伸出花被；山韭总苞短于花梗，花柱伸出花被。

## 轮叶贝母  一轮贝母  百合科 贝母属

*Fritillaria maximowiczii*

Maximowicz Fritillary | lúnyèbèimǔ

多年生草本；鳞茎由4～5枚鳞片组成；叶条状或条状披针形①，先端不卷曲，排成一轮；花单朵，少有2朵②，紫色，稍有黄色小方格；花被片6，分离③；叶状苞片1，先端不反卷；雄蕊6，长约为花被片的3/5；花药近基着，花丝无小乳突；柱头裂片长6～6.5毫米；蒴果具6棱，棱上翅宽约4毫米。

产于呼玛、根河、牙克石、鄂伦春旗、科尔沁右翼前旗。生于山坡草地、溪流边。

轮叶贝母叶条状披针形，排成一轮，花单生，钟形，紫色，苞片先端不反卷。

## 毛穗藜芦  藜芦  藜芦科/百合科 藜芦属

*Veratrum maackii*

Maack False Hellebore | máosuìlílú

多年生草本；茎较纤细，基部稍粗；叶折扇状，长圆状披针形至狭长矩圆形②；圆锥花序，通常疏生较短的侧生花序，最下面的侧生花序偶尔再次分枝；小苞片卵状披针形；花被片黑紫色，开展或反折，近倒卵状矩圆形①，雄蕊长约为花被片的一半；子房无毛；蒴果直立③。

产于塔河、呼玛、黑河、鄂伦春旗。生于草甸、灌丛、林下。

毛穗藜芦茎较纤细，叶片长圆状披针形，圆锥花序，花被片黑紫色，蒴果直立。

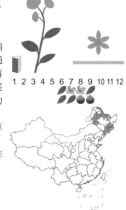

# 雨久花　河白菜　雨久花科 雨久花属

*Monochoria korsakowii*

Korsakow Monochoria　|　yǔjiǔhuā

一年生水生草本；根状茎粗壮，具柔软须根；茎直立，叶基生和茎生；基生叶宽卵状心形①②，茎生叶叶柄渐短，基部增大成鞘，抱茎，总状花序顶生③，有时再聚成圆锥花序；花蓝紫色④，花被片6深裂；雄蕊6，其中一个较大，淡蓝色；蒴果长卵圆形，种子长圆形，白色。

产于莫力达瓦旗、科尔沁右翼前旗。生于池塘、湖沼靠岸的浅水处和稻田中。

雨久花为水生草本，叶卵状心形，总状花序顶生，花蓝紫色，较大。

# 玉蝉花　花菖蒲　鸢尾科 鸢尾属

*Iris ensata*

Sword-like Iris　|　yùchánhuā

多年生草本；根状茎短而粗壮；须根棕褐色，长而坚硬；植株基部有红褐色的枯死叶鞘残留物，常裂成细长纤维状；叶基生，多数，坚韧，条形①，灰绿色，渐尖，具两面突起的平行脉；花茎具花1～3朵；苞片窄矩圆状披针形；花深紫红色②；花药暗黄色；花柱分枝3，花瓣状③，顶端2裂；蒴果长椭圆形；种子近球形，棕褐色，有棱角。

产于呼玛、嫩江、黑河、鄂伦春旗。生于沼泽地或河岸的水湿地。

**相似种：燕子花【**_Iris laevigata_**，鸢尾科 鸢尾属】**基生叶剑形，灰绿色，无明显中脉；花茎具茎生叶；苞片披针形；花2～4朵，蓝紫色④，花药白色。产于牙克石、阿尔山；生于沼泽地、河岸边的水湿地。

玉蝉花花深紫红色，花药暗黄色，苞片革质；燕子花花蓝紫色，花药白色，苞片膜质。

# 溪荪 东方鸢尾 鸢尾科 鸢尾属

*Iris sanguinea*

Bloodred Iris | xī sūn

多年生草本；根状茎粗壮，斜伸，外包有棕褐色老叶残留的纤维，须根绳索状，灰白色，有皱缩的横纹；叶条形①，顶端渐尖，基部鞘状，中脉不明显；花茎光滑，实心，具1～2枚茎生叶；苞片3枚，膜质②，绿色，披针形，顶端渐尖，内包含有2朵花；花天蓝色；花被管短而粗，外花被裂片倒卵形，基部有黑褐色的网纹及黄色的斑纹③，爪部楔形，中央下陷呈沟状，无附属物，内花被裂片直立，狭倒卵形；花药黄色，花丝白色；花柱分枝扁平，顶端裂片钝三角形，有细齿，子房三棱状圆柱形；果实长卵状圆柱形，有6条明显的肋，成熟时自顶端向下开裂至1/3处。

产于塔河、呼玛、黑河、根河、牙克石、科尔沁右翼前旗。生于沼泽地、湿草地或向阳坡地。

溪荪叶条形，花天蓝色，花被管短，苞片近膜质，花药黄色。

# 单花鸢尾 钢笔水花 鸢尾科 鸢尾属

*Iris uniflora*

Uniflower Iris | dān huā yuān wěi

多年生草本，植株基部围有黄褐色的老叶残留纤维及膜质的鞘状叶；根状茎细长，斜伸，二歧分枝，棕褐色；叶条形或披针形①②，顶端渐尖，基部鞘状；花茎有1枚茎生叶；苞片2枚，等长，质硬，干膜质，黄绿色③，顶端骤尖或钝；具1朵花，蓝紫色；花被管细，上部膨大成喇叭形；雄蕊花丝细长；花柱分枝扁平，花瓣状④；子房柱状纺锤形；蒴果圆球形（①右下）。

产于塔河、呼玛、黑河、额尔古纳、根河、牙克石、扎兰屯、阿尔山。生于干山坡、林缘、林间草地、疏林下。

单花鸢尾叶条形，苞片干膜质，较硬，花茎顶端具1朵花，蓝紫色。

# 斜茎黄芪　　豆科 黄芪属

**Astragalus adsurgens**

Erect Milkvetch ｜ xiéjīnghuángqí

多年生草本，根较粗壮，暗褐色；茎丛生，斜升；奇数羽状复叶①；托叶三角状，渐尖，基部彼此稍连合或有时分离；总状花序于茎上部腋生，比叶长或等长，花序圆柱状②；花蓝紫色，萼筒状钟形，萼齿披针形或刚毛状；子房密被毛，基部有极短的柄；荚果长圆状。

大兴安岭地区广泛分布。生于向阳山坡、灌丛、林缘。

**相似种：兴安黄芪【Astragalus dahuricus**，豆科黄芪属】植株被白色柔毛；托叶狭披针形；小叶矩圆形；总状花序腋生，比叶长；花紫红色③。大兴安岭地区广泛分布；生于草甸、河边沙砾地、路旁。

斜茎黄芪茎斜升，托叶三角形，花蓝紫色；兴安黄芪茎直立，托叶狭披针形，花紫红色。

# 山岩黄芪　　豆科 岩黄芪属

**Hedysarum alpinum**

Alpine Sweetvetch ｜ shānyánhuángqí

多年生草本；根粗壮，暗褐色；茎直立，具纵沟，无毛；奇数羽状复叶①；小叶披针形或宽披针形，先端钝，基部近圆形，上面无毛，下面有白色柔毛；叶轴有疏毛；托叶膜质，披针形；总状花序腋生②，花多数，密集；花萼钟状，萼齿三角形，较萼筒短，疏生柔毛；花冠紫色；子房无毛，花柱细长，弯曲；荚果不开裂，有荚节1~5，荚节椭圆形③，两面具网状脉纹，无毛。

大兴安岭地区广泛分布。生于湿草地、草甸。

山岩黄芪为奇数羽状复叶，小叶披针形，托叶披针形，总状花序腋生，多花，花冠紫色，果实具荚节。

# 短萼鸡眼草 长萼鸡眼草 豆科 鸡眼草属

*Kummerowia stipulacea*

Korean Clover | duǎn'èjīyǎncǎo

一年生草本；分枝多而开展，幼枝生疏硬毛；三出复叶；小叶倒卵形或椭圆形①，长7～20毫米，宽3～12毫米，先端圆或微凹，具短尖，基部楔形，上面无毛，下面中脉及叶缘有白色长硬毛，侧脉平行；托叶2，宿存；花1～2朵簇生叶腋②；花梗有白色硬毛，有关节；小苞片小，3枚；萼钟状，萼齿5，卵形，在果期长为果之1/2；花冠上部暗紫色，龙骨瓣较长③；荚果卵形(③左上)，有一种子；种子黑色，平滑。

产于讷河、嫩江、黑河、鄂伦春旗、扎兰屯。生于河边、路旁、多石质山坡草地。

短萼鸡眼草茎分枝多，三出复叶，小叶倒卵形，侧脉明显，花1～2朵腋生，紫色，荚果具1枚种子。

# 五脉山黧豆 山黧豆 豆科 山黧豆属

*Lathyrus quinquenervius*

Fivevein Vetchling | wǔmàishānlídòu

多年生草本，茎及枝具明显的翅；羽状复叶①，小叶具5条明显纵脉；叶轴具翅，末端有卷须；总状花序腋生，花3～7朵，花冠红紫色②。

产于额尔古纳、陈巴尔虎旗、牙克石、扎兰屯。生于山坡、林缘、路旁、草甸。

**相似种：三脉山黧豆**【*Lathyrus komarovii*，豆科 山黧豆属】叶轴有狭翼，末端具短刺，小叶具3条纵脉；总状花序腋生，紫色③。产于塔河、呼玛、黑河、鄂伦春旗；生于林下及草地。**矮山黧豆**【*Lathyrus humilis*，豆科 山黧豆属】茎呈"之"字形屈曲；叶轴末端具卷须，叶背面苍白色；花序有2～4朵花，红紫色④。大兴安岭地区广泛分布；生于草甸、灌丛、林缘、疏林下。

五脉山黧豆茎具翅，叶轴末端具卷须，小叶具5条纵脉；三脉山黧豆叶末端具刺，小叶具3条纵脉；矮山黧豆叶轴末端具卷须，叶背面苍白色。

## 多叶棘豆 狐尾藻棘豆　豆科 棘豆属

*Oxytropis myriophylla*

Many-leaved Crazyweed　｜ duōyèjídòu

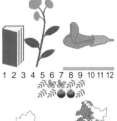

多年生丛生草本；主根长；茎短缩；羽状复叶，叶轴密生长柔毛，托叶膜质，披针形，密生黄色长柔毛，下部与叶柄连合；小叶3～6片轮生，条形①，密生长柔毛；排成紧密或较疏松的总状花序；花萼筒状，有密长柔毛，萼齿条形，长为筒部的1/4；花冠淡红紫色②，旗瓣长椭圆形，先端圆形，龙骨瓣有喙；荚果长椭圆形③，密生长柔毛，先端有喙。

大兴安岭地区广泛分布。生于干山坡、沙质地。

多叶棘豆丛生，植株密被长柔毛，复叶由轮生的小叶组成，小叶条状披针形，总状花序，花淡红紫色。

## 野火球 豆科 车轴草属

*Trifolium lupinaster*

Lupine Clover　｜ yěhuǒqiú

多年生草本，有柔毛；掌状复叶①，通常具小叶5枚；小叶无柄，披针形或狭椭圆形，先端尖，边缘具细锯齿，两面具明显叶脉，有微毛；托叶（干后）膜质鞘状，抱茎，具脉纹；花序腋生，球形②，花梗短，有毛；花萼钟状，萼齿狭披针形，长为萼筒2倍，均有柔毛；花冠紫色，较花萼长；子房椭圆形，花柱长，上部弯曲，柱头小，头状，具明显子房柄；荚果矩圆形③，膨胀，无毛，灰棕色，具短柄；种子近圆形，灰绿色。

大兴安岭地区广泛分布。生于低湿草地、林缘和山坡。

野火球为掌状复叶，小叶披针形，花序球形，腋生，花紫色。

# 北野豌豆 豆科 野豌豆属

*Vicia ramuliflora*

Branchlet Flower Vetch | běiyěwāndòu

多年生草本；根膨大成块状，近木质化，表皮黑褐色或黄褐色；茎分枝，丛生①，具棱；偶数羽状复叶有小叶4～8枚，叶轴顶端芒刺状，小叶长卵圆形②；复总状花序；花萼斜钟状；花冠蓝紫色③；子房线形；荚果长圆菱形，两端渐尖，表皮黄色或干草色；种子1～4，椭圆形，直径约0.5厘米，种皮深褐色。

产于塔河、呼玛、额尔古纳、根河、牙克石、科尔沁右翼前旗。生于草甸、林间草地、林下、林缘。

**相似种：贝加尔野豌豆【***Vicia baicalensis***，豆科 野豌豆属】**偶数羽状复叶，叶轴先端具芒刺；腋生总状花序④，花轴不分枝，比叶长或稍短，花蓝紫色。产于呼玛、额尔古纳、根河、牙克石、阿尔山；生于草甸、林间草地、林下、林缘。

北野豌豆为复总状花序；贝加尔野豌豆为总状花序。

# 歪头菜 两叶豆苗 豆科 野豌豆属

*Vicia unijuga*

Two-leaf Vetch | wāitóucài

多年生草本，幼枝被淡黄色疏柔毛；茎直立，丛生，有棱；偶数羽状复叶由2小叶组成①②，叶轴先端芒刺状；小叶卵形至菱形，先端急尖，基部斜楔形；托叶戟形；总状花序腋生③，萼斜钟状，萼齿5，三角形，下面3齿高，疏生短毛；花冠紫色或紫红色；子房具柄，无毛，花柱上半部四周有白色短柔毛；荚果狭矩形④，褐黄色；种子扁圆形，棕褐色。

产于塔河、呼玛、嫩江、黑河、额尔古纳、牙克石、阿尔山。生于草甸、林间草地、林下、林缘。

歪头菜茎丛生，偶数羽状复叶由2小叶组成，花紫色或紫红色。

# 柳叶野豌豆 　脉草藤　豆科 野豌豆属

*Vicia venosa*

Veined Vetch　|　liǔyèyěwāndòu

多年生草本；根茎粗、有须根，常数茎丛生；茎具棱，被疏柔毛，后脱落无毛；偶数羽状复叶①，叶轴末端具短尖头，小叶通常三对，托叶半箭头形，小叶线状披针形②；总状花序；花萼钟状；花稀疏着生于花序轴上部，花紫红色或紫红色至蓝色③；子房无毛，胚珠5～6，柱头上部四周被柔毛；荚果长圆形，扁平；种子3～6，圆形。

产于呼玛、额尔古纳、根河、牙克石、科尔沁右翼前旗。生于林间草地、林下、林缘。

柳叶野豌豆茎丛生，偶数羽状复叶，叶轴末端具短尖头，小叶线形，总状花序，花常为紫红色。

# 山野豌豆 　豆科 野豌豆属

*Vicia amoena*

Pleasant Vetch　|　shānyěwāndòu

多年生草本；茎四棱，有疏长柔毛；羽状复叶，有卷须；小叶8～12，椭圆形或矩圆形①，基部圆形，下面有粉霜；托叶戟形，有毛；总状花序腋生②，与叶近等长；萼斜钟形，萼齿5，狭披针形；花冠紫色或淡紫色；子房无毛，具长柄，花柱上部周围有腺毛；荚果矩形。

产于塔河、呼玛、黑河、额尔古纳、牙克石、扎兰屯、阿尔山。生于草甸、山坡、灌丛、杂木林中。

**相似种：大叶野豌豆【*Vicia pseudorobus*，豆科野豌豆属】**羽状复叶有卷须③，小叶侧脉不达到叶缘，相互联合成波状或牙齿状；花紫色④。产于塔河、呼玛、额尔古纳、根河、牙克石、鄂伦春旗、科尔沁右翼前旗；生于海拔800～2000米的山地、灌丛或林中。

山野豌豆小叶侧脉达到叶缘，不联合成波状；大叶野豌豆小叶侧脉不达到叶缘，在末端相互联合成波状。

# 黑龙江野豌豆
豆科 野豌豆属

*Vicia amurensis*

White Flower Amur Vetch

hēi lóng jiāng yě wān dòu

多年生草本；偶数羽状复叶，叶轴末端具分歧的卷须①；托叶小，常3裂；小叶卵状长圆形或卵状椭圆形，基部圆形或近圆形，先端微缺或近圆形，侧脉极密而明显凸出，与主脉近成直角；总状花序，花蓝紫色②；荚果矩圆状菱形。

产于呼玛、黑河、额尔古纳、根河、牙克石、科尔沁右翼前旗。生于湖滨、林缘、山坡、草地、灌丛。

**相似种：东方野豌豆**【*Vicia japonica*，豆科 野豌豆属】小叶侧脉较稀疏，与主脉成锐角，背面苍白色；托叶小，2深裂；总状花序，花紫色③；荚果近长圆状菱形④。大兴安岭地区广泛分布；生于草地、林缘、路旁。

黑龙江野豌豆小叶侧脉极密而明显凸出，与主脉近成直角；东方野豌豆小叶侧脉较稀疏，与主脉成锐角。

# 广布野豌豆
落豆秧 豆科 野豌豆属

*Vicia cracca*

Bird Vetch | guǎng bù yě wān dòu

多年生蔓生草本；羽状复叶，先端具分歧的卷须①；小叶8～24，线形，先端突尖，基部圆形，上面无毛，下面有短柔毛；叶轴有淡黄色柔毛；托叶披针形或戟形，有毛；总状花序腋生②；萼斜钟形，萼齿5；花冠蓝紫色；子房无毛，具长柄，花柱顶端四周被黄色腺毛；荚果矩圆形③，褐色，膨胀，两端急尖，具柄；种子黑色。

大兴安岭地区广泛分布。生于草甸、林缘、山坡、河滩草地及灌丛。

广布野豌豆羽状复叶具卷须，小叶线形，总状花序腋生，花蓝紫色。

## 水棘针 土荆芥 唇形科 水棘针属
*Amethystea caerulea*

Skyblue Amethystea | shuǐ jí zhēn

一年生草本；茎直立，圆锥状分枝，被疏柔毛或微柔毛；叶具柄，具狭翅；叶片轮廓三角形或近卵形，3深裂，裂片披针形①，两面无毛；小聚伞花序排列成疏松的圆锥花序①②；花萼钟状，萼齿5，披针形，近相等；花冠紫蓝色；前对2雄蕊能育，伸出，后对退化成假雄蕊；花盘环状，裂片等大；小坚果倒卵状三棱形③，果脐大。

产于孙吴、额尔古纳、根河、牙克石、鄂伦春旗、扎兰屯。生于田边旷野、河岸沙地、开阔路边及溪旁。

水棘针单叶3深裂，圆锥花序，花紫蓝色。

## 鼬瓣花 黑苏子 唇形科 鼬瓣花属
*Galeopsis bifida*

Bifid Hempnettle | yòubànhuā

一年生草本，具刚毛；茎直立，节下加粗；叶片卵状披针形①，先端锐尖，边缘具圆状锯齿②；轮伞花序密集，多花；小苞片条形至披针形；花萼筒状钟形，齿5，等长，三角形，顶端长刺尖；花冠紫红色，2唇形，上唇直伸，下唇3裂张开③；雄蕊4，药室2；小坚果倒卵状三棱形。

大兴安岭地区广泛分布。生于林缘、路旁、田边、灌丛、草地等空旷处。

**相似种：香薷【*Elsholtzia ciliata*，唇形科 鼬瓣花属】**植株被柔毛；叶卵状披针形，先端渐尖，基部楔形；轮伞花序多花，组成偏向一侧、顶生的假穗状花序④；花淡紫色。产于塔河、呼玛、额尔古纳、牙克石、鄂伦春旗、科尔沁右翼前旗；生于路旁、山坡、荒地、林内、河岸。

鼬瓣花植株具刚毛，轮伞花序密集；香薷植株具柔毛，假穗状花序，花偏向一侧。

# 兴安益母草　益母草　唇形科 益母草属

*Leonurus japonicus*

Japanese Motherwort | xīng'ānyìmǔcǎo

1 2 3 4 5 6 7 8 9 10 11 12

一年生或多年生草本；茎直立，钝四棱形；叶近圆形，5深裂，在裂片上再分裂成条形的小裂片①；轮伞花序腋生，在上部排列成间断的穗状花序；小苞片刺状，略向下弯曲；花萼倒圆锥形；花冠淡紫色，冠檐2唇裂；小坚果淡褐色，长圆状三棱形。

产于黑河、额尔古纳、根河、牙克石、鄂伦春旗、科尔沁右翼前旗。生于林下、山坡草地。

**相似种：细叶益母草【***Leonurus sibiricus***，唇形科 益母草属】**叶卵形，掌状3全裂，在裂片上再羽状分裂②；轮伞花序腋生，多花，向上密集成长穗状；花粉红色。产于额尔古纳、陈巴尔虎旗、鄂温克旗、科尔沁右翼前旗；生于石砾质地。

兴安益母草叶5深裂，终裂片条形；细叶益母草3全裂，终裂片线形。

1 2 3 4 5 6 7 8 9 10 11 12

# 兴安薄荷　薄荷菜　唇形科 薄荷属

*Mentha dahurica*

Dahurian Mint | xīng'ānbòhe

多年生草本，沿棱上被倒向微柔毛；叶片卵状披针形①，两面通常沿脉上被微柔毛，下面具腺点；叶柄长7～10毫米，被微柔毛；轮伞花序，通常茎顶2个轮伞花序聚集成头状花序②，而在其下1～2节的轮伞花序稍远离；小苞片条形，上弯；花萼筒状钟形，10～13脉，齿5，宽三角形；花冠浅红或粉紫色③，长5毫米，外无毛，内面在喉部具微柔毛，4裂，上裂片明显2浅裂；其余3裂片近等大；雄蕊4，均伸出。

大兴安岭地区广泛分布。生于路旁、湿草地。

兴安薄荷叶片卵状披针形，轮伞花序，通常茎顶2个轮伞花序聚集成头状花序，而在其下1～2节的轮伞花序稍远离，花粉红色。

1 2 3 4 5 6 7 8 9 10 11 12

## 多花筋骨草 筋骨草 唇形科 筋骨草属

*Ajuga multiflora*

Manyflower Bugle | duōhuājīngǔcǎo

多年生草本，密被灰白色长柔毛；茎直立，不分枝，四棱形；叶对生；叶片椭圆状长圆形①，抱茎；轮伞花序至顶端呈一密集的穗状聚伞花序②；苞片叶状，呈披针形或卵形；花萼宽钟形；萼齿5；花冠蓝紫色或蓝色，冠檐2唇形③，上唇短，直立，2裂，下唇伸长，3裂；雄蕊4，二强；花柱超出雄蕊，先端2浅裂；花盘环状；小坚果倒卵状三棱形，背部具网状皱纹，腹部具1果脐；花期4～5月，果期5～6月。

产于额尔古纳、牙克石、阿尔山。生于向阳草地、路旁。

多花筋骨草植株密被灰白色长柔毛，叶片椭圆状长圆形，轮伞花序至顶端呈一密集的穗状聚伞花序，花蓝紫色。

## 多裂叶荆芥 唇形科 裂叶荆芥属

*Schizonepeta multifida*

Common Schizonepeta | duōlièyèjīngjiè

多年生草本，主根粗壮；茎坚硬；叶卵形，羽状深裂或分裂①②，裂片条状披针形；花序为由多数轮伞花序组成的顶生穗状花序①，下部一轮远离；苞片及小苞片紫色；花冠2唇形，上唇直立，2裂，下唇平伸，3深裂，花蓝紫色①；雄蕊4，前对较上唇短，后对略超出上唇；花药浅紫色。花柱与前对雄蕊等长，先端近相等的2裂，花柱伸出花冠；小坚果扁长圆形，腹部略具棱，褐色，平滑，基部渐狭。

大兴安岭地区广泛分布。生于林下、林缘、山坡草地。

多裂叶荆芥叶多为羽状深裂，裂片条状披针形，花序为顶生穗状花序，花2唇形，蓝紫色。

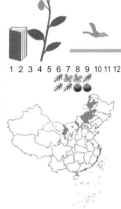

# 蓝萼香茶菜　唇形科 香茶菜属

*Isodon japonicus* var. *glaucocalyx*

Glaucous Sepal Rabdosia ｜ lán'èxiāngchácài

　　多年生草本：根状茎木质，粗大；茎直立，四棱形，基部木质化，多分枝；叶对生，叶片卵形，基部宽楔形，先端具披针形顶齿，边缘具粗大锯齿①②；圆锥花序生于主茎或分枝顶端，由具3～7花的聚伞花序组成，较疏松而开展①；花萼钟形③，花蓝紫色，冠檐2唇形，上唇反折，下唇卵圆形；雄蕊4，伸出；小坚果卵状三棱形，黄褐色带花纹。

　　产于额尔古纳、牙克石、科尔沁右翼前旗。生于林缘、路旁、山坡草地。

　　蓝萼香茶菜单叶对生，叶片卵形，基部宽楔形，先端具披针形顶齿，圆锥花序顶生，较疏松，花蓝紫色。

# 黄芩　唇形科 黄芩属

*Scutellaria baicalensis*

Baikal Skullcap ｜ huángqín

　　多年生草本：茎基部伏地，近无毛或被上曲至开展的微柔毛；叶具短柄，披针形至条状披针形①，两面无毛或疏被微柔毛，下面密被下陷的腺点；花序顶生，总状②，常于茎顶聚成圆锥状；苞片下部者似叶，上部者远比叶小，卵状披针形；花萼长4毫米，盾片高1.5毫米③；花冠紫色、紫红色至蓝紫色②；小坚果卵球形，具瘤，腹面近基部具果脐。

　　大兴安岭地区广泛分布。生于沙质草地、山坡草地、石砾质地。

　　**相似种：并头黄芩【*Scutellaria scordifolia*，唇形科 黄芩属】**叶片长圆形；花单生于叶腋，偏向一侧④；盾片高约2毫米；花冠蓝色或蓝紫色，上唇盔状，下唇3裂。大兴安岭地区广泛分布：生于草甸、山坡草地、林下。

　　黄芩花序顶生，总状；并头黄芩花单生于叶腋，偏向一侧。

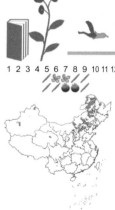

## 毛水苏 水苏草 唇形科 水苏属

*Stachys baicalensis*

Baikal Betony │ máoshuǐsū

多年生直立草本，在棱及节上密被倒向至平伸的刚毛；茎叶矩圆状条形①②，长4～11厘米，宽0.7～1.5毫米，两面疏生刚毛；叶柄长1～2毫米，或近于无柄；轮伞花序通常6花，多数于茎上部排列成假穗状花序③；小苞片条形，刺尖，具刚毛；花萼钟状，连齿长9毫米，外面沿肋上及齿缘密被柔毛状具节刚毛，10脉，齿5，披针状三角形，具刺尖；花冠淡紫色至紫色，长达1.5厘米，花冠筒内具毛环，檐部二唇形，上唇直立，下唇3裂，中裂片近圆形；小坚果卵球形。

大兴安岭地区广泛分布。生于河边、林下、林缘、湿草地。

毛水苏植物体密被刚毛，叶矩圆状条形，轮伞花序多数于茎上部成假穗状花序，花淡紫色。

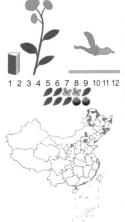

## 松蒿 糯蒿 列当科/玄参科 松蒿属

*Phtheirospermum japonicum*

Japanese Phtheirospermum │ sōnghāo

一年生直立草本，全株被多细胞腺毛；茎多分枝；叶对生，卵形至卵状披针形①，下端羽状全裂，向上渐变为深裂至浅裂，裂片长卵形；花疏生于叶腋或顶生成疏总状花序，花疏；花萼钟状，果期增大，5裂至半，裂片长卵形，上端羽状齿裂；花冠筒状②，紫红色，上唇直，稍盔状，浅2裂，裂片边缘外卷，下唇有两条横的大皱褶③，上有白色长柔毛；雄蕊4枚，药室基部延成短芒；蒴果卵状圆锥形，室背2裂。

产于漠河、科尔沁右翼前旗。生于灌丛、山坡草地。

松蒿叶对生，羽状深裂至全裂，花单生于叶腋或顶生成疏总状花序，花冠筒状，紫红色，裂片边缘外卷。

## 疗齿草 齿叶草　列当科/玄参科 疗齿草属

*Odontites serotina*

Lateripening Bartsia ｜ liáochǐcǎo

一年生草本，全株被贴伏而倒生的白色细硬毛；茎上部四方形，常在中上部分枝；叶对生或互生，无柄，披针形至条状披针形①，边缘疏生锯齿；穗状花序长而顶生；苞片下部的叶状；花萼钟状；花冠紫红色②，上唇直立，下唇开展，3裂，花药箭形；蒴果矩圆形③，略扁，顶端微凹，有细硬毛；种子有数条纵的狭翅。

大兴安岭地区广泛分布。生于湿草地、河边、路旁、阳坡草地。

疗齿草植株被毛，叶互生或对生，披针形，边缘具疏齿，花常在枝上部形成穗状花序，花紫红色。

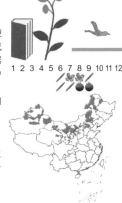

## 大野苏子马先蒿 大花马先蒿　列当科/玄参科 马先蒿属

*Pedicularis grandiflora*

Largeflower Woodbetong ｜ dàyěsūzimǎxiānhāo

多年生高大草本，可达1米以上，常多分枝，干时变为黑色，全株无毛；茎粗壮，中空，有条纹及棱角；叶互生，基生者在花期多已枯萎，茎生者极大，连柄可达30厘米以上，柄圆柱形；叶片卵状长圆形，二回羽状全裂，裂片多少披针形，羽状深裂至全裂，最终的裂片长短不等，生有白色胼胝的粗齿；花序长总状①，向心开放；花稀疏，下部者有短梗；苞片不显著，多少三角形，近基处有少数裂片；萼钟形，萼齿三角形；花冠紫红色②，盔直立，端锐尖，下唇不很开展，裂片圆卵形，略等大，互相盖叠；雄蕊药室有长刺尖，花丝无毛；果卵圆形③。

产于呼玛、黑河、孙吴、额尔古纳、根河、牙克石、鄂伦春旗。生于沼泽地、湿草甸。

大野苏子马先蒿为高大草本，叶互生，二回羽状全裂，花序总状，花紫红色。

# 返顾马先蒿

列当科/玄参科 马先蒿属

*Pedicularis resupinata*

Resupinate Lousewort | fǎngùmǎxiānhāo

多年生草本；叶片卵形至矩圆状披针形①，边缘有钝圆的重齿；花序总状；花冠淡紫红色②，自基部即向右扭旋。

产于额尔古纳、陈巴尔虎旗、牙克石、扎兰屯、科尔沁右翼前旗。生于山地阔叶林下、林缘草甸。

**相似种：拉不拉多马先蒿【*Pedicularis labradorica*，列当科/玄参科 马先蒿属】**叶对生或互生，披针形，常羽状分裂；总状花序顶生；花紫红色③。产于呼玛、额尔古纳、根河、牙克石、鄂伦春旗、科尔沁右翼前旗；生于林下、林缘、山坡草地。**轮叶马先蒿【*Pedicularis verticillata*，列当科/玄参科 马先蒿属】**叶片条状披针形，羽状分裂，茎生叶常4叶轮生④；总状花序顶生；花紫红色。内蒙古大兴安岭地区有分布；生于沼泽草甸。

返顾马先蒿为单叶，不分裂；拉不拉多马先蒿叶羽状分裂，对生或互生；轮叶马先蒿叶轮生。

---

# 草苁蓉

肉苁蓉 列当科 草苁蓉属

*Boschniakia rossica*

Northern Groundcone | cǎocōngróng

多年生寄生植物；根状茎瘤状膨大；全株近无毛；茎直立，紫褐色；叶鳞片状，通常密集于茎基部，三角形或卵状三角形；穗状花序；花多数，暗紫色；苞片卵形①，锐尖；花萼杯状；花冠唇形，筒的基部膨大成囊状；雄蕊2强，伸出花冠外；心皮2，花柱略显，柱头2浅裂；蒴果近球形②，2瓣开裂；种子小，多数。

产于呼玛、额尔古纳、根河、呼中。生于山坡、林下低湿处及河边，寄生于赤杨属植物根上。

**相似种：列当【*Orobanche coerulescens*，列当科 列当属】**全株被绵毛；茎不分枝，圆柱形③；叶鳞片状，卵状披针形；穗状花序顶生，花冠2唇形，蓝紫色④。大兴安岭地区广泛分布；生于沙丘、山坡及沟边草地上。

草苁蓉花筒基部膨大，叶三角形；列当花筒管状，叶披针形。

# 山梗菜 半边莲 桔梗科 半边莲属

***Lobelia sessilifolia***

Sessile Lobelia | shāngěngcài

多年生草本，有白色乳汁；根状茎生多数须根；茎通常不分枝，无毛，中下部以上密生叶；叶无柄，宽披针形至条状披针形①，边缘有极小的齿，无毛；总状花序无毛；苞片叶状，狭披针形，比花短；花近偏于花序一侧；花萼无毛，裂片5，三角状披针形，全缘；花冠蓝紫色②，近二唇形，边缘密生柔毛；雄蕊5；子房下位；花柱2裂；蒴果倒卵状③。

产于呼玛、黑河、孙吴、牙克石、鄂伦春旗、莫力达瓦旗、扎兰屯。生于湿草地、沼泽地、草甸、河边。

山梗菜具乳汁，叶宽披针形，无柄，总状花序顶生，花偏于花序一侧，花蓝紫色。

# 北乌头 草乌头 毛茛科 乌头属

***Aconitum kusnezoffii***

Kusnezoff Monkshood | běiwūtóu

多年生草本：块根圆锥形或胡萝卜形，长2.5~5厘米；茎无毛；茎中部叶片五角形，3全裂①，中央裂片菱形，渐尖，近羽状深裂，小裂片三角形，上面被微柔毛，下面无毛；花序常分枝，具多数花，无毛；小苞片条形；萼片5，紫蓝色，外面几无毛，上萼片盔形，花瓣2，无毛，有长爪，距长1~4毫米；雄蕊多数；心皮4~5，无毛；蓇葖果。

产于呼玛、额尔古纳、根河、牙克石、鄂温克旗、扎兰屯、阿尔山。生于林下、林缘。

**相似种：兴安乌头【*Aconitum ambiguum*，毛茛科 乌头属】**茎直立；叶近圆形，3~5深裂至全裂，最终裂片披针形②；总状花序顶生，有花(1)3~5花，花蓝紫色。产于呼玛、黑河、额尔古纳、根河、科尔沁右翼前旗；生于林下、林缘。

北乌头最终裂片三角形，花序具多数花；兴安乌头最终裂片披针形，花序由(1)3~5花组成。

# 翠雀　飞燕草　毛茛科 翠雀属

*Delphinium grandiflorum*

Siberian Larkspur ｜ cuì què

多年生草本；基生叶和茎下部叶具长柄；叶片多圆肾形，3全裂，裂片细裂，小裂片线形①；总状花序具3～15花，轴和花梗被反曲的微柔毛；小苞片条形或钻形；萼片5，蓝色或紫蓝色，距通常较萼片稍长，钻形；花瓣2，有距；退化雄蕊2，瓣片宽倒卵形，微凹，有黄色髯毛；雄蕊多数；蓇葖果3，密被短毛，具宿存花柱。

大兴安岭地区广泛分布。生于山坡草地、湿草甸。

**相似种：东北高翠雀【**_Delphinium korshinskyanum_**，毛茛科 翠雀属】**茎被长柔毛；叶掌状3深裂，叶裂片较宽②；总状花序，无毛；苞片线形；花暗蓝紫色。产于呼玛、嫩江、黑河、根河、牙克石、鄂伦春旗、鄂温克旗、科尔沁右翼前旗；生于林间草地、灌丛。

翠雀叶掌状分裂，叶裂片线形，花蓝色；东北高翠雀叶掌状3深裂，叶裂片较宽。

# 齿瓣延胡索　蓝雀花　罂粟科 紫堇属

*Corydalis turtschaninovii*

Toothedpetal Corydalis ｜ chǐ bàn yán hú suǒ

多年生草本；块茎圆球形，质色黄，有时瓣裂；茎多少直立或斜伸，通常不分枝，基部以上具1枚大而反卷的鳞片；鳞片腋内有时具1腋生的块茎或枝条；茎生叶通常2枚，二至三回羽状分裂①②；总状花序密集，有花20～30朵；苞片半圆形，先端分裂；花蓝紫色或紫红色②；距直或顶端稍下弯；柱头扁四方形，顶端具4乳突，基部下延成2尾状突起；蒴果线形③，种子细小，黑色，扁肾形。

产于呼玛、额尔古纳、牙克石、鄂伦春旗、科尔沁右翼前旗。生于沟旁、河滩地、林下、林缘、山坡草地。

齿瓣延胡索叶二至三回羽状分裂，终裂片分裂或具齿，花蓝紫色或紫红色，上部花瓣顶端微凹具一突尖。

# 掌叶堇菜

菫菜科 菫菜属

*Viola dactyloides*

Dactyloideus Violet | zhǎngyèjǐncài

多年生草本；叶基生，具长柄；叶片掌状5全裂②，裂片长圆形、长圆状卵形或宽披针形，先端稍尖；托叶约1/2以上与叶柄合生；花大，淡紫色①，具长梗；花梗通常不超出于叶，中部以下有2枚小苞片；子房卵球形；蒴果椭圆形，无毛，先端尖；种子卵球形。

产于塔河、漠河、呼玛、牙克石、鄂温克旗、扎兰屯、科尔沁右翼前旗。生于灌丛、林缘、林下。

**相似种：裂叶堇菜【*Viola dissecta*，菫菜科 菫菜属】**叶基生；叶片掌状3～5深裂，叶裂片条形③；苞片生于花梗中部以上；花淡紫堇色。产于塔河、呼玛、根河、陈巴尔虎旗、牙克石、扎兰屯、科尔沁右翼前旗；生于山坡草地、杂木林缘、灌丛、路旁。

掌叶堇菜叶片掌状全裂，裂片多为长圆形，苞片生于花梗中部以下；裂叶堇菜叶片3～5深裂，叶裂片条形，苞片生于花梗中部以上。

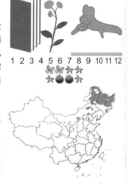

# 早开堇菜

菫菜科 菫菜属

*Viola prionantha*

Serrate-flower Violet | zǎokāijǐncài

多年生草本；根粗壮，带灰白色；地下茎短，粗或较粗；无地上茎；叶基生，叶片披针形或卵状披针形①，顶端钝圆，基部截形或有时近心形，稍下延，边缘有细圆齿；托叶边缘白色；花大，两侧对称，距末端较粗，稍向上弯；萼片5片，披针形或卵状披针形，基部附器稍长；花瓣5片，淡紫色②，距长5～7毫米；子房无毛，花柱棍棒状；蒴果椭圆形，无毛。

产于牙克石、扎兰屯、额尔古纳。生于山坡草地、沟边、宅旁等向阳处。

**相似种：紫花地丁【*Viola philippica*，菫菜科 菫菜属】**叶基生，叶片矩圆形或卵状披针形③，背面淡紫色，常直立；花紫色④。产于呼玛、额尔古纳、扎兰屯、牙克石；生于灌丛、山坡草地、荒地、林缘、路旁。

早开堇菜叶片较软，先端下垂，背面淡绿色，花常为淡紫色；紫花地丁叶片常直立，背面淡紫色，花常为深紫色。

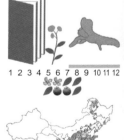

# 东北堇菜 地丁草 堇菜科 堇菜属

*Viola mandshurica*

Manchurian Violet | dōngběijǐncài

多年生草本；叶基生，叶片长圆形①，叶柄具狭翅，托叶膜质；花两侧对称，紫堇色或淡紫色②，较大，下瓣连距长超过1.5厘米；子房卵球形，无毛，花柱棍棒状，上部较粗，柱头两侧及后方稍增厚成薄而直立的缘部；蒴果长圆形，无毛，先端尖；种子卵球形③，淡棕红色。

产于塔河、呼玛、额尔古纳、根河、牙克石、扎兰屯、阿尔山。生于草地、草坡、灌丛、林缘、疏林下、田野荒地及河岸沙地等处。

**相似种：兴安堇菜**【*Viola gmeliniana*，堇菜科堇菜属】叶基生，多数，叶片基部渐狭而下延，叶缘近于全缘；花小，下瓣连距长不超过1.5厘米，深紫色；蒴果长椭圆形，种子卵球形④。大兴安岭地区广泛分布；生于山坡灌丛、河岸灌丛、沙地、沙丘草地。

东北堇菜花大，下瓣连距长超过1.5厘米；兴安堇菜花小，下瓣连距长不超过1.5厘米。

# 斑叶堇菜 大蹄 堇菜科 堇菜属

*Viola variegata*

Variegated-leaf Violet | bānyèjǐncài

多年生草本；叶基生，具长柄，近于圆形或宽卵形，基部心形，顶端通常圆，少钝，边缘具圆齿，沿叶脉有白色脉纹①；托叶卵状披针形或披针形，边缘具疏睫毛；花两侧对称；萼片5，卵状披针形或披针形，基部附器短，顶端圆或截形；花瓣5片，淡紫色，距稍向上弯；蒴果椭圆形②，无毛。

产于塔河、呼玛、额尔古纳、牙克石、鄂温克旗、扎兰屯、阿尔山。生于山坡草地、林缘、林下、灌丛中。

**相似种：球果堇菜**【*Viola collina*，堇菜科 堇菜属】叶基生，多数，叶片卵形，叶基心形③，被柔毛；花淡紫色；蒴果球形④，被毛，果梗弯曲。产于扎兰屯、科尔沁右翼前旗；生于林下或林缘、灌丛、草坡、沟谷及路旁较阴湿处。

斑叶堇菜叶片近圆形，叶脉具白色脉纹，果实无毛；球果堇菜叶卵形，叶脉无白斑，果实具毛。

## 鸡腿堇菜　鸡腿菜　堇菜科 堇菜属

*Viola acuminata*

Acuminate Violet　|　jītuǐ jǐncài

多年生草本；茎直立，有白柔毛，常分枝；茎生叶心形①，边缘有钝锯齿，顶端渐尖，两面密生锈色腺点，有疏短柔毛；托叶羽状分裂；花两侧对称，具长梗；萼片5片，条形或条状披针形，基部附器截形，不显著；花瓣5片，淡紫色②，距囊状；蒴果椭圆形，无毛。

大兴安岭地区广泛分布。生于灌丛、河谷、林下、林缘、山坡草地。

**相似种：奇异堇菜【*Viola mirabilis*，堇菜科 堇菜属】**地上茎不发达；叶片肾状广椭圆形③，基部心形；花紫堇色或淡紫色④。产于呼玛、额尔古纳、根河、陈巴尔虎旗、牙克石、鄂伦春旗、阿尔山；生于灌丛、林下、林缘、山坡草地。

鸡腿堇菜地上茎发达，叶心形，托叶羽状分裂；奇异堇菜地上茎不明显，叶片肾形，托叶不分裂。

## 鸭跖草　蓝花菜　鸭跖草科 鸭跖草属

*Commelina communis*

Asiatic Dayflower　|　yāzhícǎo

一年生草本，仅叶鞘及茎上部被短毛；茎下部匍匐生根；单叶互生，叶片披针形至卵状披针形①，长3~8厘米；总苞片佛焰苞状，有1.5~4厘米长的柄，与叶对生，心形，稍镰刀状弯曲，顶端短急尖，长近2厘米，边缘常有硬毛；聚伞花序有花数朵②，略伸出佛焰苞外；萼片膜质，长约5毫米，内面2枚常靠近或合生；花瓣深蓝色③，有长爪，长近1厘米；雄蕊6枚，3枚能育而长，3枚退化雄蕊顶端呈蝴蝶状，花丝无毛；蒴果椭圆形④，2室，2瓣裂，有种子4枚；种子长2~3毫米，具不规则窝孔。

产于呼玛、黑河、孙吴、牙克石。生于草甸、沟旁。

鸭跖草单叶互生，叶片披针形，聚伞花序，花两侧对称，蓝色。

# 大花杓兰 大口袋花 兰科 杓兰属

*Cypripedium macranthum*

The Large-flowered Cypripedium | dàhuāsháolán

多年生草本，被短柔毛或几乎无毛；叶互生，具3～4枚叶，椭圆形或卵状椭圆形①，边缘具细缘毛；花苞片叶状，椭圆形，边缘具细缘毛；花单生②，少为2朵，紫红色，极少为白色；中萼片宽卵形，长4～5厘米；合萼片卵形，较中萼片短而狭，急尖具2齿；花瓣披针形，较中萼片长，内面基部具长柔毛；唇瓣几乎与花瓣等长②③，紫红色，囊内底部与基部具长柔毛，口部的前面内弯，边缘宽2～3毫米；退化雄蕊近卵状箭形，色浅，子房无毛。

大兴安岭地区广泛分布。生于草甸、灌丛、疏林下。

大花杓兰具3～4枚叶，椭圆形，花单生，唇瓣囊状，紫红色。

# 斑花杓兰 紫点杓兰 兰科 杓兰属

*Cypripedium guttatum*

Purplespot Lady's Slipper | bānhuāsháolán

多年生草本；根状茎横走，纤细；茎直立，被短柔毛，在靠近中部处具2枚叶；叶互生或近对生①，椭圆形或卵状椭圆形②，急尖或渐尖，背脉上疏被短柔毛；花单生，白色而具紫色斑点③，直径常不到3厘米；中萼片卵椭圆形，合萼片近条形或狭椭圆形，顶端2齿；背面被毛，边缘具细缘毛；花瓣几乎和合萼片等长，半卵形、近提琴形、花瓶形或斜卵状披针形，内面基部具毛；唇瓣几乎与中萼片等大③，近球形，内折的侧裂片很小，囊几乎不具前面内弯边缘；退化雄蕊近椭圆形，顶端近截形或微凹，柱头近菱形；子房被短柔毛。

大兴安岭地区广泛分布。生于林间草地、林缘、林下。

斑花杓兰茎生叶2枚，叶椭圆形，花单生，白色而具紫色斑点。

## 手掌参　手参　兰科　手参属

### *Gymnadenia conopsea*

Conic Gymnadenia ｜ shǒuzhǎngshēn

1 2 3 4 5 6 7 8 9 10 11 12

多年生草本；块茎椭圆形，下部掌状分裂②；叶3～5枚，常生于茎之下半部，条状舌形或狭舌状披针形①，渐尖或钝，基部成鞘抱茎；总状花序具多数密生的小花③，排成圆柱状；花苞片披针形，长渐尖，顶端近丝状，与花等长或长于花；花粉红色；中萼片矩圆形、椭圆形或矩圆状卵形，钝或略呈兜状，侧萼片斜卵形，反折，边缘外卷，稍长于中萼片或几等长；花瓣较宽，斜卵状三角形，几和中萼片等长，顶端钝，边缘有细锯齿；唇瓣阔倒卵形，前部3裂，中裂片稍大，顶端钝；距丝状，细而长，内弯，长明显超过子房。

大兴安岭地区广泛分布。生于草甸、灌丛、林下、林缘。

手掌参具掌状分裂的块茎，叶3～5枚，无柄，条状舌形，总状花序，花粉红色，距丝状下垂。

## 广布红门兰　红门兰　兰科　红门兰属

### *Orchis chusua*

Orchis ｜ guǎngbùhóngménlán

1 2 3 4 5 6 7 8 9 10 11 12

陆生兰，块茎矩圆形；叶1～4枚，矩圆披针形、披针形或条状披针形①，顶端急尖或渐尖，基部渐狭；花葶直立，无毛，花序多偏向一侧；花苞片披针形；花较大，紫色②，萼片近等长；花瓣狭卵形，顶端钝；唇瓣较萼片长，3裂，中裂片矩圆形或四方形，顶端具短尖或微凹，侧裂片扩展，边缘近全缘；距和子房几并行；子房强烈扭曲；合蕊柱短。

产于黑河、额尔古纳、根河、牙克石、鄂伦春旗。生于湿草地、林下、林缘。

**相似种：二叶兜被兰【** *Neottianthe cucullata*，兰科　兜被兰属**】**具块茎；叶2枚基生，椭圆形③；总状花序顶生，花淡紫红色④，在花序上偏向一侧，唇瓣3裂。产于呼玛、孙吴、牙克石、鄂伦春旗、科尔沁右翼前旗；生于林下、林缘。

广布红门兰叶茎生，披针形；二叶兜被兰叶基生，椭圆形。

1 2 3 4 5 6 7 8 9 10 11 12

## 绶草　盘龙参　兰科　绶草属

*Spiranthes sinensis*

Chinese Lady's Tresses　|　shòucǎo

多年生草本；根指状，肉质，簇生于茎基部；茎直立，纤细，近基部生3～5叶；叶线状披针形①，先端急尖或渐尖，基部收狭，具柄状抱茎的鞘；总状花序呈螺旋状扭转②，似穗状；花苞片卵状披针形，先端长渐尖；花小，紫红色或粉红色，螺旋状排生；萼片舟状，与花瓣靠合呈兜状；花瓣斜菱状长圆形，先端钝；唇瓣宽长圆形，先端极钝；子房纺锤形，扭转，被腺状毛；蒴果具3棱。

大兴安岭地区广泛分布。生于林下、林缘、湿草地。

绶草叶线状披针形，总状花序顶生，多花，呈螺旋状扭转并被腺毛，花粉红色。

## 布袋兰　匙唇兰　兰科　布袋兰属

*Calypso bulbosa*

Common Calypso　|　bùdàilán

多年生草本；根状茎具假鳞茎；叶具柄，叶片卵形，具网状弧曲的脉序①，先端急尖，基部圆形；花葶侧生于假鳞茎之基部，具4～5枚鞘，顶生1朵花；花美丽，下垂②；花苞片披针形；萼片离生，直立伸展，狭窄，条状披针形；唇瓣凹陷③，具紫色条纹，侧裂片合生于中裂片上；蕊柱直立，花瓣状；花粉块2深裂；子房具细柄。

产于牙克石。生于林下、灌丛。

布袋兰具假鳞茎，叶1枚，叶脉明显，花1朵，紫色，下垂。

# 两栖蓼　蓼科　蓼属

*Persicaria amphibia*

Water Knotweed ｜ liǎngqīliào

多年生草本，有根状茎；生于水中者茎横走，无毛，节部生根，叶片矩圆形①，浮于水面，无毛，侧脉明显②，与主脉近垂直，顶端钝，基部通常为心形；生于陆地者茎直立，不分枝，叶片宽披针形，密生短硬毛，顶端急尖，基部近圆形；托叶鞘筒状；花序穗状③，顶生或腋生；苞片三角形；花淡红色或白色；花被5深裂；雄蕊5；瘦果近圆形，黑色。

大兴安岭地区广泛分布。生于湖泊静水或河流中。

**相似种：水蓼**【*Persicaria hydropiper*，蓼科 蓼属】叶片披针形，基部狭楔形，全缘，具黑色腺点；托叶鞘筒状，被伏毛；总状花序穗状④，细长，淡绿色或粉红色。产于孙吴、额尔古纳、陈巴尔虎旗、鄂温克旗、科尔沁右翼前旗；生于水边、湿地。

两栖蓼叶片矩圆形，侧脉与主脉垂直；水蓼叶片披针形，具黑色腺点。

# 桃叶蓼　春蓼　蓼科　蓼属

*Persicaria maculosa*

Lady's Thumb ｜ táoyèliào

一年生草本；茎疏生柔毛或近无毛；叶披针形或椭圆形①，顶端渐尖或急尖，基部狭楔形，叶柄被硬伏毛；托叶鞘筒状，膜质，顶端截形，具伏毛；总状花序呈穗状②，顶生或腋生，较紧密，常集成圆锥状；苞片漏斗状，紫红色，具缘毛；花被通常5深裂，紫红色；雄蕊6～7；花柱2，中下部合生，瘦果近圆形或卵形，黑褐色。

产于呼玛、牙克石、鄂温克旗。生于沟边湿地。

**相似种：酸模叶蓼**【*Persicaria lapathifolia*，蓼科 蓼属】叶片披针形，基部楔形，表面具新月形黑斑③；托叶鞘筒状，截形；圆锥花序，花粉红色④。大兴安岭地区广泛分布；生于荒地、路旁、湿草地。

桃叶蓼叶披针形，表面无新月形黑斑，托叶鞘先端具伏毛；酸模叶蓼叶表面具新月形黑斑，托叶鞘先端无伏毛。

# 耳叶蓼　　蓼科 拳参属

*Bistorta manshuriensis*

Manchurian Knotweed ｜ ěryèliǎo

多年生草本；根状茎短，黑色；茎直立，不分枝，无毛；基生叶长圆形或披针形，纸质，边缘全缘；茎生叶披针形，无柄①；托叶鞘筒状，膜质，偏斜，开裂至中部，无缘毛；总状花序呈穗状②，顶生；苞片卵形，膜质，顶端骤尖；花被5深裂，淡红色或白色③，花被片椭圆形，长约3毫米；雄蕊8；花柱3；瘦果卵形。

产于呼玛、黑河、额尔古纳、牙克石。生于山坡草地、林缘、山谷湿地。

耳叶蓼直立，不分枝，基生叶披针形，抱茎，总状花序穗状，顶生，花多为淡红色。

# 绵枣儿　　天蒜　天门冬科/百合科 绵枣儿属

*Barnardia japonica*

Chinese Squill ｜ miánzǎor

多年生草本；鳞茎卵形，黑褐色；叶基生，通常2~5，狭带状①；总状花序具多数花，花紫红色或粉红色②；花葶通常比叶长；苞片条状披针形，膜质；花被片矩圆形，基部稍合生而呈盘状；雄蕊生于花被片基部，稍短于花被片；花丝紫色，条状披针形，中部以上变窄，基部稍合生，边缘和背部具小乳头状突起；子房基部有柄；蒴果卵圆形；种子黑色。

产于鄂伦春旗、扎兰屯。生于山坡草地、林缘。

绵枣儿鳞茎卵形；叶基生，狭带状，总状花序密集，花小，粉红色，花葶超出叶片。

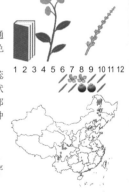

## 兔儿尾苗
车前科/玄参科 兔尾苗属

*Pseudolysimachion longifolium*

Long-leaf Speedwell | tùrwěimiáo

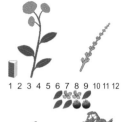

多年生草本；根状茎长而斜走；茎直立，光滑或有短柔毛，通常不分枝；叶对生，具叶柄，偶叶轮生，叶片披针形①，顶端渐尖，基部心形、截形或宽楔形，边缘具细尖锯齿；总状花序顶生，细长，单生或复出；花萼4深裂，裂片披针形，有睫毛；花冠蓝色或紫色，4裂；雄蕊2，伸出；蒴果卵球形，稍扁，顶端微凹；种子卵形，暗褐色。

大兴安岭地区广泛分布。生于山坡草地、林下稍湿地。

**相似种：东北穗花**【*Pseudolysimachion rotundum* subsp. *subintegrum*，车前科/玄参科 兔尾苗属】叶对生，近无柄，披针形，基部楔形，背面具柔毛；总状花序顶生②，密被柔毛；苞片线形；花蓝色或蓝紫色。产于嫩江、黑河、孙吴、科尔沁右翼前旗；生于林缘、沼泽地、水边草地、针叶林下。

兔儿尾苗叶有柄，叶片近无毛；东北穗花叶无柄，叶片被柔毛。

## 轮叶腹水草
车前科/玄参科 腹水草属

*Veronicastrum sibiricum*

Siberian Veronicastrum | lúnyèfùshuǐcǎo

多年生直立大草本，全株疏被柔毛或无毛；根状茎横走；茎圆柱形，不分枝；叶4～9枚轮生，叶片矩圆形至宽条形①②，顶端渐尖，边缘有三角形锯齿；穗状花序顶生①，呈圆锥状；花萼5深裂，裂片不等长，钻形；花冠筒状，紫色，4裂，花冠筒内面被毛；雄蕊2枚；蒴果卵形；种子矩圆形，棕黑色。

大兴安岭地区广泛分布。生于灌丛、林缘草甸、山坡草地。

轮叶腹水草茎直立，不分枝，叶轮生，叶片矩圆形，穗状花序顶生，圆锥状，花紫色。

## 华北蓝盆花

忍冬科/川续断科 蓝盆花属

*Scabiosa tschiliensis*

Huapei Scabious | huáběilánpénhuā

多年生草本；根粗壮，木质；茎斜升；基生叶椭圆形或矩圆形，叶缘具缺刻状锯齿或大头羽状分裂；茎生叶对生，羽状分裂①②，最上部叶裂片呈条状披针形①；头状花序在茎顶成聚伞状；总苞片、苞片均为窄披针形，较花稍短；边花较大；花萼5裂，刺毛状；花冠蓝紫色③，筒状，先端5裂，裂片3大2小；雄蕊4；子房包于杯状小总苞内；果序椭圆形或近圆形。

大兴安岭地区广泛分布。生于灌丛、林缘、山坡草地。

华北蓝盆花基生叶椭圆形，茎生叶对生，羽状分裂，头状花序在茎顶成聚伞状，花蓝紫色。

## 林泽兰

毛泽兰 菊科 泽兰属

*Eupatorium lindleyanum*

Lindley's Thoroughwort | línzélán

多年生草本；根状茎短，簇生多数须根；茎直立，通常单一，具纵棱沟，密被柔毛；叶对生或轮生，无柄或几无柄，线状被针形①，两面粗糙，背面有黄色腺点，顶端钝，边缘有不规则的疏齿裂，叶脉通常基出3脉；头状花序密集成球形或半球形，复伞房状②③；总苞狭筒形，总苞片3层，每个头状花序有管状花5朵，花冠淡红色，少为白色，裂片狭三角形；冠毛比花冠短；瘦果圆柱形，黑褐色。

产于呼玛、黑河、孙吴、牙克石、科尔沁右翼前旗。生于沟旁、林缘、湿草地、山坡草地。

林泽兰茎单一，叶对生，近无柄，线状披针形，头状花序总苞钟状，每个头状花序有花5朵，花淡紫色。

# 亚洲蓍　菊科　蓍属

*Achillea asiatica*

Asiatic Yarrow　｜　yàzhōushī

多年生草本，有匍匐生根的细根茎；茎直立，具细条纹，被显著的棉状长柔毛，不分枝或有时上部少分枝，中部叶腋常有缩短的不育枝；叶条状矩圆形，二至三回羽状全裂①，上面具腺点，疏生长柔毛，下面无腺点，被较密的长柔毛，叶轴上毛尤密；头状花序多数，密集成伞房花序②③；总苞矩圆形，被疏柔毛；总苞片3～4层，覆瓦状排列，卵形、矩圆形至披针形，顶端钝；舌状花5朵，粉红色或淡紫红色；管状花长3毫米，6齿裂，具腺点。瘦果矩圆状楔形，顶端截形，光滑，具边肋。

产于呼玛、黑河、额尔古纳、牙克石、扎兰屯、阿尔山。生于山坡草地、河边、草场、林缘湿地。

亚洲蓍叶片条状矩圆形，二至三回羽状全裂，头状花序密集成伞房状，花粉红色。

# 紫菀　青菀　菊科　紫菀属

*Aster tataricus*

Tatarian Aster　｜　zǐwǎn

多年生草本；茎直立，粗壮，不分枝；基部叶大型，椭圆状②；中、下部叶椭圆状匙形，有6～10对羽状侧脉；上部叶狭小，披针形①；头状花序，排列成复伞房状③；总苞半球形，总苞片3层，外层渐短，全部或上部草质，顶端尖或圆形，边缘宽膜质，紫红色；舌状花20多个，蓝紫色；瘦果倒卵状矩圆形，紫褐色。

大兴安岭地区广泛分布。生于河边草地、草甸、山坡草地、林下。

**相似种：砂狗娃花【*Aster meyendorffii*，菊科紫菀属】**中部茎生叶狭矩圆形，无柄，上部叶渐小，披针形至条状披针形；头状花序单生枝端④，基部有苞片状小叶；总苞半球形；总苞片2～3层；舌片蓝紫色，管状花黄色。产于额尔古纳；生于林缘、路旁、山坡草地。

紫菀叶有柄，头状花序多数；砂狗娃花叶无柄，头状花序单生枝顶。

# 龙江风毛菊　菊科 风毛菊属

*Saussurea amurensis*

Amur Saussurea | lóng jiāng fēng máo jú

　　多年生草本；叶片披针形，背面灰白色；头状花序密集成伞房状①，总苞筒状钟形，总苞片4～5层；花冠粉紫色②；瘦果圆柱形；冠毛2层，污白色。

　　产于漠河、呼玛、黑河、额尔古纳、根河、牙克石、科尔沁右翼前旗。生于林缘、林下、沟旁、湿草地。

　　**相似种：齿叶风毛菊**【*Saussurea neoserrata*，菊科 风毛菊属】茎有翼，叶片椭圆状披针形③；总苞钟状，冠毛不超出总苞，花紫色。产于呼玛、额尔古纳、牙克石；生于林缘、林间草地。**球花风毛菊**【*Saussurea pulchella*，菊科 风毛菊属】叶羽状分裂，叶裂片线形，总苞球形④，花淡紫色。产于漠河、额尔古纳、牙克石、鄂温克旗、科尔沁右翼前旗；生于林下、林缘、草甸、灌丛、草地。

　　龙江风毛菊叶披针形，不分裂；齿叶风毛菊叶椭圆状披针形，不分裂；球花风毛菊叶羽状分裂。

# 楔叶菊　菊科 菊属

*Chrysanthemum naktongense*

Nakdong Chrysanthemum | xiē yè jú

　　多年生草本，有地下匍匐根状茎；茎直立；叶腋常簇生较小的叶；基生叶和茎下部叶与茎中部叶同形①②；茎上部叶倒卵形、倒披针形或长倒披针形，3～5裂或不裂；全部茎生叶基部楔形或宽楔形，有长柄，柄基或无叶柄，两面无毛或几无毛；头状花序2～9个在茎枝顶端排成疏松伞房花序③；总苞碟状，花淡紫色④。

　　产于呼玛、额尔古纳、根河、鄂温克旗、科尔沁右翼前旗。生于林下、林缘。

　　楔叶菊茎直立，叶长圆状卵形，基部楔形或广楔形，头状花序呈疏松伞房状，花淡紫色。

# 烟管蓟　老牛挫　菊科 蓟属

*Cirsium pendulum*

Pendulate Thistle | yānguǎnjì

1 2 3 4 5 6 7 8 9 10 11 12

多年生草本；叶多为羽状深裂①，边缘有刺，茎中部叶狭椭圆形，无柄，上部叶渐小；头状花序单生于枝端②，下垂；总苞片约8层，条状披针形，顶端刺尖；花冠紫色；瘦果矩圆形。

大兴安岭地区广泛分布。生于河边、林下、湿草地。

**相似种：绒背蓟**【*Cirsium vlassovianum*，菊科 蓟属】叶多为披针形，背面灰白色；头状花序单生枝顶，总苞6层，花紫红色③。产于呼玛、额尔古纳、根河、牙克石、鄂伦春旗、鄂温克旗、科尔沁右翼前旗；生于荒地、林间草地、林下、林缘。**丝毛飞廉**【*Carduus crispus*，菊科 飞廉属】茎有翅；叶羽状深裂；头状花序2～3个生于枝顶，花紫红色④。产于黑河、额尔古纳；生于河边、路旁、田边。

烟管蓟叶多为羽状深裂，头状花序单生；绒背蓟叶不分裂，头状花序单生；丝毛飞廉茎有翅，叶羽状分裂，头状花序2～3个生于枝顶。

1 2 3 4 5 6 7 8 9 10 11 12

1 2 3 4 5 6 7 8 9 10 11 12

# 大蓟　大刺儿菜　菊科 蓟属

*Cirsium setosum*

Setose Thistle | dàjì

1 2 3 4 5 6 7 8 9 10 11 12

多年生草本；茎直立，上部有分枝；基生叶和中部茎生叶椭圆形、长椭圆形或椭圆状倒披针形①，顶端钝或圆形，基部楔形，羽状浅裂，边缘具细刺；雌雄异株，头状花序多数集生茎顶，呈伞房状②；总苞钟形，8层，先端有刺尖，花紫红色；瘦果倒卵形或椭圆形。

产于黑河、科尔沁右翼前旗。生于河边、荒地、林下、林缘、路旁、田间。

**相似种：小蓟**【*Cirsium segetum*，菊科 蓟属】叶多为椭圆形，无柄，不分裂，边缘有刺；头状花序常数个生于枝顶③，花淡紫色。产于黑河、科尔沁右翼前旗；生于荒地、路旁、田间。

两者叶缘均有细刺。大蓟叶羽状浅裂，头状花序多数；小蓟叶不分裂，头状花序少。

1 2 3 4 5 6 7 8 9 10 11 12

## 宽叶蓝刺头 驴欺口 菊科 蓝刺头属

*Echinops davuricus*

Broadleaf Globethistle | kuānyèláncìtóu

多年生草本，被毛；叶二回羽状分裂或深裂①，侧裂片长圆形，边缘有短刺；基生叶矩圆状倒卵形，有长柄；上部叶渐小，长椭圆形至卵形，基部抱茎；复头状花序球形②，外总苞刚毛状；内总苞片外层的匙形，顶端渐尖，边缘有篦状睫毛；内层的狭菱形至矩圆形，顶端尖锐，中部以上有睫毛；花冠筒状，裂片5，条形，蓝色③，筒部白色；瘦果圆柱形，密生黄褐色柔毛④；冠毛长约1毫米，下部连合。

产于额尔古纳、牙克石、鄂伦春旗、鄂温克旗、科尔沁右翼前旗。生于山坡草地、路旁、疏林下。

宽叶蓝刺头茎中下部叶二回羽状分裂，边缘有短刺，复头状花序球形，外总苞刚毛状，花蓝色。

## 全叶马兰 全叶鸡儿肠 菊科 紫菀属

*Aster pekinensis*

Integrifolious Aster | quányèmǎlán

多年生草本；茎直立，帚状分枝；叶密，互生，条状披针形或倒披针形①，顶端钝或尖，基部渐狭，无叶柄，全缘，两面密被粉状短茸毛；头状花序单生于枝顶排成疏伞房状，直径1～2厘米；总苞片3层，上部草质，有短粗毛及腺点；舌状花1层，舌片淡紫色②；筒状花黄色；瘦果倒卵形，浅褐色，扁平。

产于呼玛、黑河、根河、牙克石、扎兰屯、科尔沁右翼前旗。生于山坡、林缘、灌丛、路旁。

**相似种：山马兰【***Aster lautureanus***，菊科 紫菀属】**叶片多为披针形，叶质厚，近革质，边缘具疏齿或近全缘；总苞片2层，舌状花淡紫色，管状花黄色③。产于呼玛、黑河、根河；生于山坡、草原、灌丛中。

全叶马兰叶条状披针形，全缘，总苞片3层；山马兰叶为披针形，边缘常具疏齿，总苞片2层。

# 北山莴苣　山莴苣　菊科 莴苣属

*Lactuca sibirica*

Siberian Lettuce | běishānwōjù

　　多年生草本，具白色乳汁；茎单生，无毛，浅红色，上部伞房状分枝；叶披针形或长椭圆状披针形①，无柄，基部心形或扩大耳状抱茎，全缘或有时有锯齿或浅裂，全部叶无毛；头状花序在茎顶枝端排成疏伞房花序或伞房状圆锥花序；舌状花蓝紫色①；瘦果长椭圆状条形，压扁，肉褐色，有宽的边缘，有5条粗细相等的纵肋，喙部短或近无喙；冠毛污白色②，全部同形。

　　产于呼玛、黑河、额尔古纳、牙克石、鄂温克旗、扎兰屯。生于灌丛、林下、林缘、荒地。

　　北山莴苣植物体具白色乳汁，茎单生，上部分枝，茎生叶长椭圆状披针形，无柄，抱茎，多为全缘，花蓝紫色。

# 漏芦　祁州漏芦　菊科 漏芦属

*Rhaponticum uniflorum*

Uniflower Swisscentaury | lòulú

　　多年生草本；茎直立，不分枝；叶羽状深裂至浅裂①，裂片矩圆形，具不规则齿，两面被软毛；头状花序单生茎顶，直径约5厘米；总苞宽钟状，基部凹；总苞片多层②，具干膜质的附片，外层短，卵形，中层附片宽，呈掌状分裂，内层披针形，顶端尖锐；花冠淡紫色，下部条形，上部稍扩张成圆筒形；瘦果倒圆锥形，棕褐色；冠毛刚毛状。

　　大兴安岭地区广泛分布。生于林下、山坡草地。

　　**相似种：伪泥胡菜【***Serratula coronata***，菊科伪泥胡菜属】**叶片羽状深裂或全裂③，叶裂片披针形，头状花序1~3，生于枝顶，总苞钟状，6~7层，花紫红色④。大兴安岭广泛分布；生于草甸、林下、林缘、路旁、山坡。

　　漏芦叶常羽状深裂，头状花序大，总苞宽钟状；伪泥胡菜叶常羽状全裂，头状花序小，总苞钟状。

## 山牛蒡　白荷叶　菊科 山牛蒡属

**Synurus deltoides**

Deltoid Synurus ┃ shānniúbàng

多年生草本；叶互生①，基生叶花期枯萎，下部叶有长柄②，卵形或卵状矩圆形，顶端尖，基部心形③，边缘有不规则缺刻状齿，上面有短毛，下面密生灰白色毡毛，上部叶有短柄，披针形；头状花序单生于茎顶，直径4厘米，下垂；总苞球形或钟形，总苞片多层①④，带紫色，被蛛丝状毛，条状披针形，锐尖，宽1.5毫米，外层短；花冠筒状，深紫色，长2.5厘米，筒部比檐部短；瘦果长形，无毛；冠毛淡褐色，不等长，1层。

大兴安岭地区广泛分布。生于林下、林缘、山坡草地。

山牛蒡单叶互生，叶卵形，基部心形，边缘具缺刻状齿，背面灰白色；头状花序下垂，总苞常球形，花深紫色。

1 2 3 4 5 6 7 8 9 10 11 12

## 兔儿伞　雷骨散　菊科 兔儿伞属

**Syneilesis aconitifolia**

Shredded Umbrella Plant ┃ tùrsǎn

多年生草本；根状茎短，横走，具多数须根；叶通常2，疏生；下部叶具长柄；叶片盾状圆形，掌状深裂①②；裂片7～9，每裂片再次2～3浅裂；小裂片线状披针形，边缘具不等长的锐齿，顶端渐尖，上面淡绿色，下面灰色；叶柄长10～16厘米，无翅，无毛，基部抱茎；中部叶较小，其余的叶呈苞片状，披针形，向上渐小，无柄或具短柄；头状花序多数③，在茎端密集成复伞房状；总苞筒状④，基部有3～4小苞片；总苞片1层，5枚，长圆形，顶端钝，边缘膜质，外面无毛；小花8～10，花冠淡粉白色，5裂；瘦果圆柱形，具肋；冠毛污白色或变红色，糙毛状。

大兴安岭地区广泛分布。生于干山坡、灌丛、林缘、林间草地。

兔儿伞叶片盾状圆形，掌状深裂，终裂片线状披针形，头状花序多数，总苞筒状，花粉白色。

1 2 3 4 5 6 7 8 9 10 11 12

## 大花剪秋罗 剪秋罗 石竹科 剪秋罗属
*Lychnis fulgens*

Brilliant Lychnis | dàhuājiǎnqiūluó

多年生草本；茎单生，直立，上部疏生长柔毛；叶卵状披针形①②，两面都有柔毛；聚伞花序①，有2～3花，其下的叶腋短枝端常有单花；苞片钻形，密生长柔毛；花梗短，密生长柔毛；萼管棍棒形，具10脉，密生长柔毛；花瓣5，深紫红色，基部有爪，边缘有长柔毛，瓣片4裂，中间2裂片较大③，外侧2裂片小，喉部有2鳞片；雄蕊10；子房矩圆状圆柱形，花柱5，丝形；蒴果5瓣裂；种子小，暗褐色或黑色，表面有尖突起。

产于呼玛、嫩江、黑河、孙吴、额尔古纳、牙克石、鄂伦春旗、莫力达瓦旗、扎兰屯。生于草甸、林下、林缘、灌丛。

大花剪秋罗茎单生，叶对生，卵状披针形，全缘，聚伞花序，萼管棍棒形，花瓣2深裂，深紫红色。

## 毛百合 百合 百合科 百合属
*Lilium dauricum*

Dahurian Lily | máobǎihé

多年生草本；鳞茎扁球形；鳞茎瓣宽披针形至倒披针形；茎直立，有5条棱；叶散生，条状披针形①，边缘有稀疏的白色绵毛，具3～5条脉，近无柄；花钟形，橙红色②③；外轮花被片3，倒披针形，外表面被白色绵毛②，内表面有紫色斑点；蜜腺两边有深紫色的乳头状突起，内轮花被片3，较窄；蒴果椭圆形④，3瓣裂。

产于呼玛、黑河、额尔古纳、牙克石、阿尔山、科尔沁右翼前旗。生于草甸、灌丛、林缘、山坡草地。

毛百合叶散生，条状披针形，花直立，钟形，橙红色，花被外表面具白色绵毛，内表面具紫色斑点。

# 山丹 细叶百合 百合科 百合属

*Lilium pumilum*

Coral Lily | shāndān

　　多年生草本；鳞茎卵形或圆锥形，鳞片矩圆形或长卵形，叶集生于茎中部，线形①，花单生或数朵排成总状花序，鲜红色，无斑点，下垂②；花被片6，反卷③，蜜腺两端有乳头状突起；雄蕊6；蒴果长圆形。

　　产于嫩江、黑河、额尔古纳、牙克石、阿尔山、科尔沁右翼前旗。生于草甸、林缘、山坡草地。

　　**相似种：有斑百合**【*Lilium concolor* var. *pulchellum*，百合科　百合属】叶散生，条状披针形，边缘具小乳头状突起；花1至10朵，直立④，深红色，有褐色斑点。产于根河、牙克石、扎兰屯、科尔沁右翼前旗；生于草甸草原、山地林缘。

　　山丹叶线形，集生于茎中部，花鲜红色，下垂，花被无斑点，反卷；有斑百合叶条状披针形，花深红色，直立，花被有褐色斑点，不反卷。

# 地榆 黄瓜香 蔷薇科 地榆属

*Sanguisorba officinalis*

Official Burnet | dì yú

　　多年生草本，全株光滑无毛；根粗壮，圆柱形；茎直立，上部有分枝①；奇数羽状复叶②；矩圆状卵形至长椭圆形，先端急尖或钝，基部近心形或近截形，边缘有圆齿状锐的锯齿，无毛；有托叶；穗状花序顶生，直立，短圆柱形③，花由顶端向下依次开放，有小苞片；萼裂片4，花瓣状，紫红色；无花瓣；雄蕊4；瘦果宽卵形。

　　产于漠河、呼玛、黑河、额尔古纳、牙克石、阿尔山、科尔沁右翼前旗。生于草原、草甸、山坡草地、灌丛中、疏林下。

　　**相似种：腺地榆**【*Sanguisorba officinalis* var. *glandulosa*，蔷薇科　地榆属】植株被腺毛；奇数羽状复叶，小叶背面密被柔毛；穗状花序，圆柱状④。产于漠河、额尔古纳、鄂伦春旗；生于草甸。

　　地榆植物体无毛，穗状花序直立；腺地榆植物体被腺毛，穗状花序下垂。

## 细叶地榆　垂穗粉花地榆　蔷薇科 地榆属

*Sanguisorba tenuifolia*

Siberian Burnet ｜ xìyèdìyú

　　多年生草本：根茎粗壮，分出较多细长根；茎有棱；基生叶为奇数羽状复叶①，叶柄无毛，小叶有柄，带状披针形；基生叶托叶膜质，褐色，茎生叶托叶草质，半月形，边缘有缺刻状锯齿；穗状花序长圆柱形，从顶端向下逐渐开放②，下垂；苞片披针形，外面及边缘密被柔毛；萼片长椭圆形，粉红色③；雄蕊4枚；柱头盘状；果有4棱。

　　产于漠河、呼玛、额尔古纳、根河、牙克石、鄂伦春旗、鄂温克旗。生于山坡草地、草甸、林缘。

　　细叶地榆基生羽状复叶的小叶带状披针形，花多为粉红色，下垂。

## 猫儿菊　黄金菊　菊科 猫儿菊属

*Hypochaeris ciliata*

Common Achyrophorus ｜ māorjú

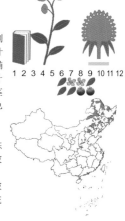

　　多年生草本：茎直立，不分枝，被长毛和硬刺毛，有纵沟棱；基生叶椭圆形或长椭圆形或倒披针形①；下部茎生叶与基生叶同形；向上的茎生叶椭圆形或长椭圆形或卵形或长卵形，半抱茎；全部叶两面粗糙，被稠密的硬刺毛；头状花序单生于茎端②；总苞宽钟状或半球形③；舌状小花金黄色②；瘦果圆柱状，浅褐色；冠毛浅褐色，羽毛状，1层。

　　产于呼玛、嫩江、黑河、额尔古纳、根河、陈巴尔虎旗、牙克石、鄂温克旗、扎兰屯。生于山坡灌丛、草甸子。

　　猫儿菊茎直立，不分枝，叶片椭圆形，密被硬刺毛，头状花序单生于茎顶，总苞宽钟形，花金黄色。

## 独行菜　腺独行菜　十字花科　独行菜属

*Lepidium apetalum*

Apetalous Pepperweed ｜ dúxíngcài

　　一年生或二年生草本；茎直立，分枝①，有乳头状短毛；基生叶狭匙形，羽状浅裂或深裂，叶柄长1～2厘米；上部叶条形，有疏齿或全缘；总状花序顶生，果时伸长，疏松；花极小②；萼片早落；花瓣丝状，退化；雄蕊2～4；短角果近圆形或椭圆形③，扁平，长约3毫米，先端微缺，上部具极窄翅；种子椭圆形④，平滑，棕红色。

　　产于呼玛、牙克石。生于沟旁、路旁。

　　独行菜植物体被短柔毛，基生叶羽状分裂，上部叶条形，总状花序顶生，短角果圆形，先端有缺刻。

## 北重楼　轮叶王孙　藜芦科/百合科　重楼属

*Paris verticillata*

Verticillate Paris ｜ běichónglóu

　　多年生直立草本，根状茎细长；茎单一；叶6～8枚，轮生茎顶①，先端渐尖，全缘，基部楔形；具短叶柄或几无柄；花梗单一，自叶轮中心抽出，顶生1花②，外轮花被片绿色，叶状，通常4片，内轮花被片条形；雄蕊8枚，花药条形，药隔突出部分短于花药；子房近球形，紫褐色，花柱分枝4枚；蒴果浆果状③，不开裂。

　　产于呼玛、塔河、黑河、根河、牙克石、鄂伦春旗、鄂温克旗、阿尔山。生于山坡林下、草丛、阴湿地、沟边。

　　**相似种：四叶重楼**【*Paris quadrifolia*，藜芦科/百合科　重楼属】茎单一，叶常4枚轮生④；药隔突出部分比花药长或等长。产于额尔古纳；生于杂木林林下。

　　北重楼叶常6～8枚，药隔突出部分短于花药；四叶重楼叶常4枚，药隔突出部分比花药长或等长。

# 百蕊草 积药草  檀香科 百蕊草属

*Thesium chinense*

Chinese Thesium ｜ bǎiruǐcǎo

多年生柔弱草本，无毛；茎簇生，具棱，幼枝尤其明显；叶互生，线形①，花小，绿白色，两性，无梗，单朵腋生②，基部有3枚小苞片；花被下部筒状，上部5裂；雄蕊5，生于花被裂片基部或近花被筒喉部，并与花被裂片对生，不伸出花被之外②；子房下位，花柱极短，近圆锥形；坚果球形或椭圆形③，具网状脉。

产于呼玛、根河、黑河、五大连池、扎兰屯。生于林缘、山坡灌丛、石砾质地。

百蕊草茎纤细，多分枝，叶线形，花小，绿色，无柄，果实具网状脉。

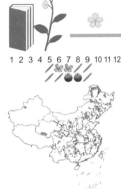

# 团叶单侧花 钝叶单侧花  杜鹃花科/鹿蹄草科 单侧花属

*Orthilia obtusata*

Obtuse Sidebells Wintergreen ｜ tuányèdāncèhuā

多年生常绿草本；地下茎细长横走；茎生叶3～8，常排成1～3轮，椭圆形①，基部宽楔形，边缘有不规则的细圆齿；总状花序②，有花2～11，偏向花轴一侧；花葶细长，生有小乳头状突起；花萼5裂，花瓣5，白色，微带绿色；花盘10浅裂；雄蕊10；子房扁球形③。

产于塔河、呼玛、额尔古纳、根河、牙克石、鄂伦春旗、科尔沁右翼前旗。生于林下、林缘。

**相似种：绿花鹿蹄草【***Pyrola chlorantha***，杜鹃花科/鹿蹄草科 鹿蹄草属】**植株矮小；叶多数，卵状椭圆形④，边缘具疏腺齿；花白色带绿色。产于塔河、呼玛；生于樟子松林下、荒草坡。

团叶单侧花叶非基生，花偏向一侧着生，具花盘；绿花鹿蹄草叶基生，花不偏向一侧，无花盘。

## 徐长卿　土细辛　夹竹桃科/萝藦科　鹅绒藤属

***Cynanchum paniculatum***

Paniculate Swallow-wort　│　xúchángqīng

多年生直立草本，茎不分枝，稀从根部发生几条，无毛或被微毛；根须状；叶对生，纸质，披针形至条形①，两端锐尖，叶缘有睫毛；圆锥状聚伞花序生于顶生的叶腋内；花萼内面腺体有或无；花冠黄绿色②，近辐状；副花冠裂片5枚，基部增厚，顶端钝；子房椭圆状，柱头五角形，顶端略突起；蓇葖果单生③，刺刀形；种子矩圆形，具白色绢质毛，长1厘米。

产于黑河、额尔古纳、鄂伦春旗、扎兰屯。生于沟旁多石质地、林下灌丛、山坡草地、路旁。

徐长卿叶对生，披针形，全缘，聚伞花序，花黄绿色，具副花冠。

## 五福花　福寿花　五福花科　五福花属

***Adoxa moschatellina***

Muskroot　│　wǔfúhuā

多年生草本；根状茎横生，末端加粗；茎单一，纤细，无毛，有长匐枝；基生叶1~3，为一至二回三出复叶①②；小叶宽卵形或圆形，再3裂；叶柄长4~9厘米；茎生叶2，为三出复叶，小叶不裂或3裂；花绿色或黄绿色，5~7朵组成顶生头状花序③④；顶生花的花萼裂片2，花冠裂片4，雄蕊8，花柱4；侧生花的花萼裂片3，花冠裂片5，雄蕊10，花柱5；核果球形。

产于根河、额尔古纳、科尔沁右翼前旗。生于林下、林缘或草地。

五福花茎单一，无毛，叶为一至二回三出复叶，头状花序常由5朵花组成，花黄绿色。

## 兴安天门冬

天门冬科/百合科 天门冬属

*Asparagus dauricus*

Dahurian Asparagus | xīng'āntiānméndōng

直立草本；根状茎粗短，须根细长；茎与分枝均具条纹，有时幼枝具软骨质齿；叶状枝1～6枚成簇②③，通常全部斜立，少有平展的，近扁圆柱形，略具4棱，有时具软骨质齿；叶鳞片状，基部无刺；花2朵腋生，单性，雌雄异株，黄绿色；雄花花梗长3～5毫米，与花被近等长，关节位于近中部；花丝大部分贴生于花被片上；花药矩圆形，长1.3～1.8毫米；雌花极小，花被长约1.5毫米，短于花梗；花梗关节位于上部；退化雄蕊6枚。浆果球形①，红色或黑色③，具2～4颗种子。

产于额尔古纳、根河、牙克石、扎兰屯、科尔沁右翼前旗。生于沙质地、干燥山坡。

兴安天门冬具根状茎，叶状枝1～6枚成簇，通常全部斜立，与分枝交成锐角，花2朵腋生，黄绿色。

1 2 3 4 5 6 7 8 9 10 11 12

## 沼兰

小柱兰 兰科 沼兰属

*Malaxis monophyllos*

Sheath Addermouth Orchid | zhǎolán

陆生多年生草本；假鳞茎卵形或椭圆形，被白色干膜质鞘；茎直立；叶基生1～2枚，狭椭圆形至卵状椭圆形或卵状披针形①；总状花序①②，花苞片钻形或披针形；花很小，黄绿色，中萼片条状披针形，外折；侧萼片直立；花瓣条形，外折；唇瓣位于上方，卵卵形，顶端骤尖而呈尾状，凹陷，上部边缘外折并具疣状突起，基部两侧各具1片耳状侧裂片；蕊柱短，有短柄。

产于塔河、呼玛、嫩江、额尔古纳、牙克石、鄂伦春旗、科尔沁右翼前旗。生于草甸、林下、林缘。

沼兰叶基生，1～2枚，常为椭圆形，总状花序顶生，花小，黄绿色，唇瓣位于上方。

1 2 3 4 5 6 7 8 9 10 11 12

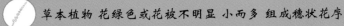

## 墙草 小花墙草 荨麻科 墙草属

### *Parietaria micrantha*

Smallflower Pellitory | qiángcǎo

一年生草本，无螫毛；茎上升平卧或直立，肉质，纤细，多分枝；叶互生，膜质，卵形或卵状心形①，基出3脉；花杂性同株，聚伞花序数朵②，白色，具短梗或近簇生状；两性花位于花序下部，花被4深裂；雄蕊4，与花被片对生；雌花位于花序上部，花被筒状，具4齿；瘦果广卵形，黑色，极光滑，有光泽，具宿存的花被和苞片③；种子椭圆形，两端尖。

产于塔河、牙克石、扎兰屯、阿尔山。生于石砬子缝间、岩石下阴湿地。

墙草多为平卧草本，茎多分枝，叶互生，卵形，基出3脉，聚伞花序，花白色。

## 狭叶荨麻 哈拉海 荨麻科 荨麻属

### *Urtica angustifolia*

Narrowleaf Nettle | xiáyèqiánmá

多年生草本；茎四棱形，有螫毛，分枝或不分枝；叶对生；叶片披针形或狭卵形①，先端渐尖，基部圆形，边缘有尖牙齿，上面疏生短毛，下面沿脉有疏生短毛；叶柄长0.5～2厘米；托叶每节4枚，离生，条形；雌雄异株，花序多分枝②③；雄花直径约2毫米，花被片4，雄蕊4；雌花较雄花小，花被片4，在果期增大，柱头作笔头状；瘦果卵形，扁，光滑。

大兴安岭地区广泛分布。生于灌丛、林下、林缘湿地。

狭叶荨麻植株具螫毛，茎四棱，叶对生，叶片披针形，有叶柄，雌雄异株，花序多分枝。

## 轴藜 大篇菜 苋科/藜科 轴藜属

*Axyris amaranthoides*

Common Axyris | zhóulí

一年生草本；茎直立，粗壮，微具纵纹，毛后期大部脱落；叶为卵状披针形①，具短柄，顶部渐尖，具小尖头，基部渐狭，全缘，背部密被星状毛，后期脱落；基生叶大，披针形，枝生叶和苞叶较小，狭披针形或狭倒卵形②③；雄花序穗状；雌花序聚伞状，位于枝条下部叶腋；胞果长椭圆状倒卵形，侧扁，长2～3毫米，灰黑色，有时具浅色斑纹，光滑，顶端具1附属物。

产于呼玛、五大连池、额尔古纳、根河、牙克石、鄂伦春旗、扎兰屯、阿尔山。生于湿草地、山坡草地、路旁、河边。

轴藜茎直立，多分枝，叶互生，多为卵状披针形，全缘，背面密被星状毛。

## 藜 灰菜 苋科/藜科 藜属

*Chenopodium album*

Lamb's Quarters | lí

一年生草本，茎直立，粗壮，具条棱，多分枝；叶片菱状卵形至宽披针形①，花两性，花簇于枝上部，排列成或大或小的穗状圆锥状或圆锥状花序②；果皮与种子贴生；种子横生，双凸镜状。

大兴安岭地区广泛分布。生于河边低湿地、路旁、荒地、田间。

**相似种：大叶藜【***Chenopodium hybridum***，苋科/藜科 藜属】**茎直立；叶具长柄，叶掌状浅裂③，质薄；大圆锥花序。产于根河、牙克石、鄂伦春旗、科尔沁右翼前旗；生于林缘、路边、山坡灌丛间、水边。**灰绿藜【***Chenopodium glaucum***，苋科/藜科 藜属】**茎由基部分枝，斜升或平卧；叶肉质，长圆状卵形④，边缘具波状牙齿；花序穗状。产于额尔古纳、牙克石；生于河边、荒地、田边、村庄附近。

藜叶近菱形，边缘具不整齐牙齿，背面灰白色；大叶藜叶大，掌状浅裂；灰绿藜叶长圆状卵形，边缘具波状牙齿。

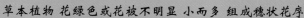

# 地肤 扫帚菜　苋科/藜科 地肤属

**_Kochia scoparia_**

Burningbush ｜ dì fū

　　一年生草本；茎直立，多斜向上呈扫帚状分枝①，枝具条纹，淡绿色或带紫红色；叶互生，狭长披针形②，扁平，几无柄，通常具3条纵脉；花两性或雌性，无柄，通常1～3个生于上部叶腋③，构成疏穗状圆锥状花序；花被片5，基部连合，黄绿色，卵形，内曲，背部近先端处有绿色隆脊及横生的龙骨状突起；雄蕊5，伸出花被外，柱头2，线形；胞果扁球形，果皮膜质，与种子离生；种子卵形，黑褐色，稍有光泽；胚马蹄形，胚乳块状。

　　大兴安岭地区普遍分布。生于田边、路旁、荒地。

　　地肤茎呈扫帚状分枝，叶互生，线形，无柄，具3条纵脉，花1～3个生于上部叶腋，花黄绿色。

# 毛脉酸模 土大黄　蓼科 酸模属

**_Rumex gmelinii_**

Gmelin's Dock ｜ máo mài suān mó

　　多年生草本；茎直立，无毛，具沟槽，中空；基生叶长三角状卵形，顶端圆钝，基部深心形①，边缘全缘或呈微波状；茎上部叶较小，狭卵形；托叶鞘膜质，破裂；花序圆锥状，具毛；花两性；外花被片长圆形，雄蕊6，花柱3；小坚果卵形③，具3棱，深褐色，有光泽。

　　大兴安岭地区广泛分布。生水边、山谷湿地。

　　**相似种：酸模【_Rumex acetosa_，蓼科　酸模属】**基生叶及下部叶片卵状长圆形，基部箭形；茎上部叶披针形，抱茎；花序狭圆锥状顶生④；花单性，雌雄异株。产于黑河、额尔古纳、根河、陈巴尔虎旗、牙克石、鄂伦春旗、鄂温克旗、阿尔山；生于山坡、林缘、沟边、路旁。

　　毛脉酸模基生叶大，基部深心形，花两性；酸模基生叶较小，基部箭形，花单性异株。

草本植物 花绿色或花被不明显 小而多 组成穗状花序

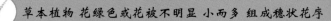

## 车前 车轱辘草 车前科 车前属

*Plantago asiatica*

Chinese Plantain | chēqián

多年生草本；具须根；叶基生，成丛，卵形或宽卵形①；叶柄长5～22厘米；花葶少数，有短柔毛；穗状花序圆柱形②，多花密集；苞片宽三角形，较萼裂片短；花淡绿色；蒴果椭圆形，周裂；种子矩圆形，黑棕色。

产于黑河、额尔古纳、牙克石、科尔沁右翼前旗。生于草地、沟边、河岸湿地、田边、路旁。

**相似种：平车前【***Plantago depressa***，车前科车前属】**1～2年生草本；全株近无毛；根为直根，圆柱形；叶椭圆形③，有柄。产于呼玛、黑河、根河、牙克石、鄂温克旗、阿尔山；生于河边、路旁、湿草地、田边。**北车前【***Plantago media***，车前科 车前属】**全株被柔毛；根粗壮，直根；叶椭圆形④。产于呼玛、根河、牙克石、扎兰屯、科尔沁右翼前旗；生于山坡草地、林缘、路旁、草甸。

车前为须根；后二者为直根，平车前植株近无毛，北车前植株密被柔毛。

## 水麦冬 红车轴草 水麦冬科 水麦冬属

*Triglochin palustris*

Marsh Arrowgrass | shuǐmàidōng

多年生草本；根状茎长，须根密而细；叶全部基生，半圆柱形，长不超过花序①，宽1.5～2毫米；叶鞘宿存，分裂成纤维状；叶舌膜质；花葶直立；总状花序顶生，有多数疏生的花；无苞片；花被片6，鳞片状，绿紫色，具狭的膜质边缘；雄蕊6，几无花丝，药2室；心皮3，柱头毛刷状；蒴果棒状条形②，成熟时开裂为3瓣；果梗直，长约5毫米。

产于呼玛、黑河、额尔古纳、根河、牙克石、科尔沁右翼前旗。生于湿地、沼泽。

水麦冬叶基生，半圆柱形，长不超过花序，总状花序顶生，疏生花，花绿紫色，蒴果棒状条形。

## 白山蒿 高山艾蒿 菊科 蒿属

*Artemisia lagocephala*

Hairyhead Wormwood | báishānhāo

半灌木；茎下部多分枝，直立或斜升①，被绢状密茸毛；叶质厚，基生叶掌状分裂②，茎生叶匙形，顶部有3浅裂片或近全缘；头状花序少数，在茎上部排列成疏生的复总状花序；总苞扁球形③，被白色密绢毛；总苞片3层，顶端微尖，边缘多少膜质；花多数，外层雌性，内层两性。

产于呼玛、黑河、额尔古纳、根河、牙克石。生于海拔900～1500米的高山山坡、林下石质地。

**相似种：宽叶山蒿【***Artemisia stolonifera***，菊科蒿属】**茎单一，不分枝；叶常羽状深裂④，叶裂片披针形；圆锥状花序顶生，总苞钟形，3层。大兴安岭地区广泛分布；生于林缘、林下、路旁、荒地、山坡草地。

白山蒿茎多分枝，叶为匙形，顶端3裂，总苞扁球形；宽叶山蒿茎单一，常羽状深裂，总苞钟形。

## 萎蒿 水蒿 菊科 蒿属

*Artemisia selengensis*

Seleng Wormwood | lóuhāo

多年生草本，有地下茎；茎直立，无毛，常紫红色，上部有多少直立的花序枝；下部叶在花期枯萎；中部叶密集，羽状深裂，侧裂片2对或1对，条状披针形或条形，顶端渐尖，有疏浅锯齿，上面无毛，下面被白色薄茸毛，基部渐狭成楔形短柄，无假托叶；上部叶3裂或不裂，或条形而全缘①；头状花序直立或稍下倾，有短梗，多数密集成狭长的复总状花序②，有条形苞叶；总苞近钟形，总苞片约4层，外层卵形，黄褐色，被短绵毛，内层边缘宽膜质；花黄色，内层两性，外层雌性；瘦果微小，无毛。

大兴安岭地区广泛分布。生于草甸、河边、林缘、湿草地。

萎蒿茎光滑无毛，叶互生，常3深裂或羽状深裂，叶裂片条状披针形。

## 万年蒿　白莲蒿　菊科 蒿属

*Artemisia sacrorum*

Messerschmidt's Wormwood　|　wànniánhāo

多年生草本，半灌木状；茎直立，具纵条棱，暗紫红色，多分枝；茎下部叶花期枯萎，叶常二回羽状全裂①②，侧裂片5～10对，长椭圆形，互相接近，小裂片条状披针形；头状花序球形或半球形，具短梗，下垂，多数在枝端形成圆锥状③；苞片条形，总苞3层；边缘小花雌性，花冠狭管状；中央小花多数，花冠管状；瘦果卵状矩圆形。

产于五大连池、额尔古纳、牙克石、鄂温克旗、科尔沁右翼前旗。生于多石质山坡、杂木林灌丛。

万年蒿为半灌木，茎紫红色，叶二回羽状分裂，小裂片条状披针形，圆锥花序顶生。

## 大籽蒿　白蒿　菊科 蒿属

*Artemisia sieversiana*

Sievers Wormwood　|　dàzǐhāo

一至二年生草本，有直根；茎直立，粗壮，具纵沟棱，被白色柔毛；基生叶在花期枯萎，下部及中部叶有长柄，叶片宽卵形，二至三回羽状深裂，裂片宽或狭条形①②，钝或渐尖；上部叶渐小，羽状全裂，最上部叶不裂；头状花序多数，下垂，排列成圆锥花序③，有短梗及条形苞叶；总苞半球形；总苞片4～5层，外层矩圆形，有被微毛的绿色中脉，内层倒卵形，干膜质；花序托有白色托毛；花黄色，极多数，外层雌性，内层两性。瘦果矩圆状倒卵形，褐色。

产于孙吴、额尔古纳、根河、阿尔山。生于河边、山坡草地、荒地、村庄附近。

大籽蒿为高大草本，植株密被白色柔毛，茎基部木质化，粗壮，具纵棱，叶柄较长，叶片二至三回羽状深裂，多数头状花序组成圆锥花序。

# 矮黑三棱

香蒲科/黑三棱科 黑三棱属

*Sparganium minimum*

Least Burreed | ǎihēisānléng

1 2 3 4 5 6 7 8 9 10 11 12

多年生水生矮小草本；根状茎细弱，横走；茎直立或漂浮，常不分枝；叶狭线形，扁平，先端钝，中脉在背面稍突起呈半月形；圆锥花序收缩，雄花序1~2个着生于上部，与雌花状花序相连；雌头状花序2~4个着生于下部，近球形①，雌花密集，花被片4~5；果实卵形，淡黄色。

产于额尔古纳、牙克石。生于池沼、缓流河边。

**相似种：小黑三棱**【*Sparganium simplex*，香蒲科/黑三棱科 黑三棱属】茎直立，常不分枝；叶线形，叶背面下部呈三棱形；雄头状花序5~7个生于花序顶端②。产于呼玛、黑河、额尔古纳、扎兰屯、科尔沁右翼前旗；生于沼泽地、水沟、池沼、缓流河边。

矮黑三棱茎直立或漂浮，叶扁平，雄花序1~2个；小黑三棱茎直立，叶三棱形，雄花序5~7个。

# 狼毒大戟

狼毒 大戟科 大戟属

*Euphorbia fischeriana*

Fischer Euphorbia | lángdúdàjǐ

1 2 3 4 5 6 7 8 9 10 11 12

多年生草本，具白色乳汁；根肥大肉质，近圆柱状，外皮红褐色或褐色；近基部的叶鳞片状，褐色；中部的互生，无柄，矩圆形至矩圆状披针形①，全缘；叶状苞片5，轮生，基部圆形；总伞序多歧聚伞状②，顶生，通常5伞梗呈伞状；杯状花序宽钟形，总苞顶端裂片卵状三角形；腺体肾形，两端钝圆；子房3室；花柱3；蒴果宽卵形③，密生短柔毛或变无毛。

产于额尔古纳、牙克石、鄂伦春旗、扎兰屯、阿尔山。生于石质山坡。

**相似种：乳浆大戟**【*Euphorbia lunulata*，大戟科 大戟属】茎分枝少，无毛；叶互生，无柄，线形，中脉明显；总状花序顶生④，伞梗5~6，苞片宽线形。产于塔河、额尔古纳、呼玛、根河、阿尔山；生于山坡草地、草甸、路旁。

1 2 3 4 5 6 7 8 9 10 11 12

狼毒大戟根肥大肉质，茎上部叶轮生，叶矩圆形；乳浆大戟根不发达，叶互生，线形。

## 狐尾藻 轮叶狐尾藻 小二仙草科 狐尾藻属

*Myriophyllum verticillatum*

Whorled Water-Milfoil | húwěizǎo

多年生水生草本；茎圆柱形，多分枝；叶无柄，水上叶为4叶轮生，羽状全裂，水中叶为3～4叶轮生，裂片线形①，长约2厘米；苞片羽状篦齿分裂；花生在水上叶的叶腋内，轮生②，无花梗；雌雄同株，雌花在下③，雄花在上④；雄花花萼4裂；花瓣4，大，倒披针形，雄蕊8，雌花萼筒壶状，具4枚三角形萼齿；花瓣极小；子房下位，4室，无花柱，柱头4裂；果近球形，有4条浅沟。

产于额尔古纳、扎兰屯。生于池沼中。

狐尾藻茎多分枝，常4叶轮生，羽状全裂，叶裂片线形，花单性，腋生。

## 萹蓄 萹蓄蓼 蓼科 萹蓄属

*Polygonum aviculare*

Prostrate Knotweed | biānxù

一年生草本；茎平卧或上升，自基部分枝，有棱角；叶有极短柄或近无柄，叶片狭椭圆形或披针形①，顶端钝或急尖，基部楔形，全缘；托叶鞘膜质②，透明，先端开裂；花1～5朵簇生于叶腋③；花梗细而短，顶部有关节；花被5深裂，裂片椭圆形，绿色，边缘白色或淡红色；雄蕊8；花柱3；瘦果卵形，有3棱，黑色或褐色，生不明显小点，无光泽。

产于呼玛、额尔古纳、牙克石。生于荒地、路旁、河边沙地。

萹蓄蓼为平卧草本，单叶互生，狭椭圆形，全缘，托叶分裂，花小，腋生。

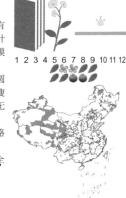

## 杉叶藻 当布噶日 车前科/杉叶藻科 杉叶藻属

*Hippuris vulgaris*

Marestail | shānyèzǎo

多年生水生草本；具根状茎，植株上部常露出水面；茎直立，不分枝①；叶轮生，6～12枚一轮，条形②，不分裂，略弯曲或伸直，生于水中的常较长而质地脆弱；花小，通常两性，单生于叶腋，无花被，雄蕊1③，生于子房上，略偏向一侧，很小，花丝被疏毛或无毛；子房下位，椭圆状；花柱被疏毛，丝状，顶端常靠在花药背部两药室之间；核果椭圆形。

产于呼玛、牙克石、科尔沁右翼前旗。生于溪流中、沼泽地、池沼边湿地。

杉叶藻植株上部常露出水面，茎直立，不分枝，叶轮生，花小，单生于叶腋，绿色。

## 浮萍 浮漂草 天南星科/浮萍科 浮萍属

*Lemna minor*

Common Duckweed | fúpíng

漂浮植物；叶状体对称，表面绿色，背面浅黄色或绿白色或常为紫色，近圆形、倒卵形或倒卵状椭圆形，全缘，长1.5～5毫米，宽2～3毫米，上面稍凸起或沿中线隆起，脉3，不明显，背面垂生丝状根1条，根白色，长3～4厘米，根冠钝头，根鞘无翅；花着生于叶状体边缘开裂处，膜质苞鞘囊状，内有雌花1朵和雄花2朵；雌花具1胚珠，弯生；果实圆形，近陀螺状，具纵凹脉纹，无翅或具狭翅；种子1，具不规则的突出脉。

大兴安岭地区广泛分布。生于水田、池沼或其他静水水域。

浮萍为漂浮植物，成片生长，根1条，叶状体圆形或倒卵形，绿色，不透明，无柄。

# 杉蔓石松　多穗石松　石松科 石松属

*Lycopodium annotinum*

Annual Clubmoss │ shānmànshísōng

多年生土生植物；匍匐茎细长横走①，长达2米，绿色，被稀疏的叶；侧枝圆柱状；叶螺旋状排列，披针形②，基部楔形，无柄，先端渐尖，边缘有锯齿，革质，中脉腹面可见，背面不明显；孢子囊穗单生于枝顶③，直立，圆柱形，无柄；孢子叶阔卵状④，先端急尖，边缘膜质，啮蚀状，纸质；孢子囊生于孢子叶腋，内藏，圆肾形，黄色；孢子球状四面形。

产于呼玛、额尔古纳、根河、阿尔山。生于林下及林下岩石上。

杉蔓石松匍匐主茎地上生，1级侧枝斜生，分枝疏离，营养叶披针形，孢子叶穗单生枝顶，无梗。

# 卷柏　还魂草　卷柏科 卷柏属

*Selaginella tamariscina*

Tamarisk-like Spikemoss │ juǎnbǎi

多年生草本；主茎短直，顶端丛生多数分枝①，呈莲座状，干时向内拳卷②；叶4列，异形③，两行中叶斜上开展，具钝尖头，侧叶上半部不被中叶覆盖；孢子囊穗生于枝顶，四棱形；孢子叶卵状三角形，龙骨状，锐尖头，边缘膜质，有微齿，孢子囊圆肾形；孢子二型。

产于呼玛、黑河、科尔沁右翼前旗。生于向阳干燥裸露岩石上、岩石缝中。

**相似种：小卷柏【***Selaginella helvetica***，卷柏科 卷柏属】**植株矮小，平铺地面；茎细弱，二歧分枝④，腹背扁；叶疏生，卵状椭圆形，孢子叶不形成典型的孢子叶穗。产于漠河、塔河、呼玛、额尔古纳、鄂伦春旗；生于林中阴湿处或石塘上。

卷柏主茎极短，直立，顶端丛生分枝，如莲座状，形成孢子叶穗；小卷柏茎细弱，匍匐，不形成孢子叶穗。

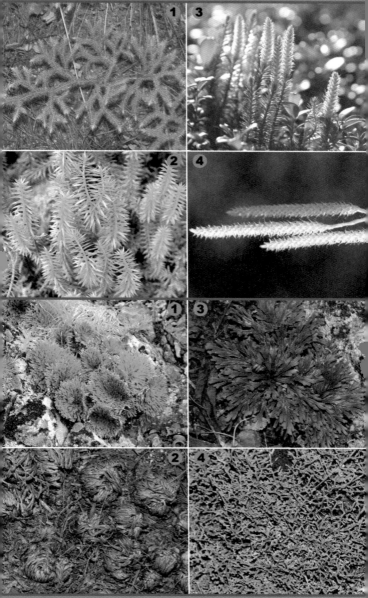

# 问荆 节节草 木贼科 木贼属

*Equisetum arvense*

Field Horsetail | wènjīng

1 2 3 4 5 6 7 8 9 10 11 12

地上茎二型：营养茎绿色，常具一次性分枝①，枝多而长，轮生，不向下张曲，侧枝第一个节间长于该侧枝发生处茎上叶鞘的长度；生殖枝肉质不分枝，淡黄色，孢子囊顶生②。

大兴安岭地区广泛分布。生于河边、沟旁、田间、荒地。

**相似种：林问荆**【*Equisetum sylvaticum*，木贼科 木贼属】茎具刺瘤；侧枝多而密，再次分枝③；主茎叶鞘齿常数枚合生成2～4片，褐色。产于呼玛、嫩江、黑河、额尔古纳、根河、牙克石、阿尔山；生于林间草地、山坡灌丛、林下阴湿地。**水问荆**【*Equisetum fluviatile*，木贼科 木贼属】茎表面光滑；茎上部轮生分枝④；主茎叶鞘具18～20鞘齿。产于呼玛、黑河、额尔古纳、牙克石、鄂伦春旗、鄂温克旗、阿尔山；生于水湿地、沼泽旁。

问荆侧枝多而长，不再分枝；林问荆侧枝再次分枝；水问荆茎上部轮生分枝，分枝短。

1 2 3 4 5 6 7 8 9 10 11 12

1 2 3 4 5 6 7 8 9 10 11 12

# 兴安木贼 斑纹木贼 木贼科 木贼属

*Equisetum variegatum*

Variegated Horsetail | xīng'ānmùzéi

1 2 3 4 5 6 7 8 9 10 11 12

多年生草本；根状茎分枝，黑褐色，地上茎多数，簇生，坚硬，粗糙，不分枝①，中央腔小，为直径的1/4～1/3，具肋棱16条，每2条组成1个粗棱，沿棱脊有2列小疣状突起，槽内有气孔2列；叶鞘筒长2.5～3毫米，基部黑褐色，鞘齿4～6枚，具宽的白色膜质边缘，中央黑褐色，先端长尾状细尖，易脱落；孢子叶球无柄②，先端具小突尖。

产于呼玛、额尔古纳、根河。生于泥炭地、林下湿地。

兴安木贼地上茎多数，不分枝，具12～16条棱脊；叶鞘齿4～6枚，具明显的宽膜质白边。

## 蕨 蕨菜 碗蕨科/蕨科 蕨属

***Pteridium aquilinum* var. *latiusculum***

Western Brackenfern | jué

多年生草本；根状茎长而横走，有黑褐色茸毛；叶远生，幼时拳卷①，叶片近革质，小羽轴及主脉下面有疏毛，其余无毛；叶片阔三角形或矩圆三角形，三回羽状复叶②③，羽片达10对，互生或近对生，基部一对最大；末回小羽片或裂片矩圆形，圆钝头，全缘或下部有1~3对浅裂片或波状圆齿；侧脉二叉；孢子囊群条形④，沿叶缘边脉着生；囊群盖条形，外面有由叶缘反折而成的假囊群盖。

大兴安岭地区广泛分布。生于阳坡疏林下、林缘、林间草地。

蕨根状茎横走，叶远生，叶片三角形，三回羽状复叶，末回小羽片矩圆形，孢子囊群条形，沿叶缘着生。

## 银粉背蕨 白烤 凤尾蕨科/中国蕨科 粉背蕨属

***Aleuritopteris argentea***

Silvery Aleuritopteris | yínfěnbèijué

多年生草本；根状茎直立或斜升，生有红棕色边的亮黑色披针形鳞片；叶簇生①，厚纸质，上面暗绿色②，背面有乳白色或淡黄色粉粒③；叶柄栗棕色，有光泽，基部疏生鳞片；叶片五角形，长宽5~7厘米，羽片3~5对；叶脉纤细，下面不凸起，羽状分叉；孢子囊群生于小脉顶端，成熟时汇合成条形④；囊群盖沿叶边连续着生，厚膜质，全缘。

产于呼玛、黑河、五大连池、额尔古纳、鄂伦春旗、扎兰屯。生于石灰质山坡、石缝间。

银粉背蕨鳞片黑色披针形；叶簇生，叶片五角形，背面常为灰白色，孢子囊群条形。

## 猴腿蹄盖蕨 多齿蹄盖蕨 蹄盖蕨科 蹄盖蕨属

*Athyrium multidentatum*

Many Toothed Lady Fern | hóutuǐtígàijué

多年生草本；根状茎斜升，密生黑褐色披针形鳞片；叶簇生；叶柄深禾秆色，基部黑褐色，膨大而向下尖削；叶片厚草质，矩圆状卵形，三回羽裂①，羽片密接，基部对称，平截，有短柄，下部1~2对略缩短；小羽片近平展，钝尖头，基部略与羽轴合生；孢子囊群生于裂片基部的上侧一脉②；囊群盖条形，边缘啮蚀状。

产于呼玛、嫩江、黑河、额尔古纳、牙克石、扎兰屯、阿尔山。生于林缘、疏林下、采伐迹地。

**相似种：香鳞毛蕨**【*Dryopteris fragrans*，鳞毛蕨科 鳞毛蕨属】具褐色鳞片；叶簇生，具腺体；二回羽状全裂③，羽片披针形；孢子囊群盖圆肾形④。大兴安岭地区广泛分布；生于林下碎石坡、岩石上。

猴腿蹄盖蕨叶三回羽状深裂，最下部一对羽片成锐角，叶柄基部似猴腿，囊群盖条形；香鳞毛蕨二回羽状全裂，囊群盖圆肾形。

## 鳞毛羽节蕨 欧洲羽节蕨 冷蕨科/蹄盖蕨科 羽节蕨属

*Gymnocarpium dryopteris*

Oak Fern | línmáoyǔjiéjué

多年生草本；根状茎细长，横走，黑色带有光泽，先端被鳞片；叶远生；能育叶柄纤细，禾秆色，基部疏被鳞片；叶片五角状广卵形或阔卵形三角形①②，先端渐尖，基部阔楔形，二回羽状，小羽片羽状深裂或全裂③；叶脉在裂片上为羽状，斜向上，下面明显；孢子囊群小，无盖，近圆形④，生于小脉背部，在中肋两侧各排列成整齐的一行；孢子表面有裂片状褶皱，上面有穴状纹饰。

大兴安岭地区广泛分布。生于林下。

鳞毛羽节蕨叶远生，叶片五角状广卵形，基部羽片的基部下侧小羽片和第三对羽片大小相等，孢子囊群近圆形。

## 过山蕨  过桥草   铁角蕨科 过山蕨属

**_Camptosorus sibiricus_**

Siberian Walking Fern  |  guòshānjué

小型植物；根状茎短而直立，顶部密生狭披针形黑褐色小鳞片；叶簇生①，近二型，草质，两面无毛；不育叶较短；叶片披针形或矩圆形②，钝头或渐尖头，基部阔楔形；能育叶的柄长1～5厘米；叶片披针形，顶部渐尖，并延伸成鞭状；叶脉网状，网眼外的小脉分离；孢子囊群生于网脉的一侧或相对的两侧③；囊群盖短条形或矩圆形，膜质，全缘。

产于呼玛、五大连池、额尔古纳、牙克石、扎兰屯。生林下、溪流旁阴湿岩石上。

过山蕨具狭披针形黑褐色鳞片，叶簇生，叶片多为披针形，顶部渐尖，并延伸成鞭状，囊群盖短条形。

## 东北多足蕨  东北水龙骨   水龙骨科 多足蕨属

**_Polypodium virginianum_**

Rock-cap Fern  |  dōngběiduōzújué

多年生草本植物；根状茎长而横走，密被鳞片；鳞片披针形，暗棕色，顶端渐尖，边缘具疏齿；叶远生或近生；叶柄禾秆色，光滑无毛；叶片长椭圆状披针形①，羽状深裂或基部为羽状全裂②，顶端羽裂渐尖或尾尖；叶片近革质；孢子囊群圆形③，在裂片中脉两侧各1行，靠近裂片边缘着生④，无盖。

大兴安岭地区广泛分布。生于林下、朽木上、石缝间。

东北多足蕨叶远生或近生，叶片长椭圆状披针形，羽状深裂，孢子囊群圆形，在中脉两侧各1行。

# 宽叶香蒲　蒲棒　香蒲科　香蒲属

**Typha latifolia**

bulrush　|　kuānyèxiāngpú

　　多年生水生草本；根状茎乳黄色，先端白色；地上茎粗壮；叶条形①，叶片光滑无毛，上部扁平；叶状苞片上部短小；雌、雄雌花序相接②；花后发育；雄花通常由2枚雄蕊组成；雌花无小苞片；小坚果披针形，褐色。

　　产于呼玛、牙克石。生于河、湖、沼泽地。

　　**相似种：短穗香蒲【Typha laxmannii，香蒲科香蒲属】**植株高约1米；叶片宽5毫米以下；雌、雄穗不连接③，离生；雄花序比雌花序长1～3倍。产于呼玛、额尔古纳、牙克石、鄂伦春旗、科尔沁右翼前旗；生于河、湖、沼泽地。**狭叶香蒲【Typha angustifolia，香蒲科　香蒲属】**植株高大；叶片宽5毫米以上；雌、雄穗不连接④，离生。产于额尔古纳、牙克石、鄂伦春旗、科尔沁右翼前旗；生于河、湖、沼泽地。

　　宽叶香蒲雌、雄雌花序相接，后两者分离；短穗香蒲高约1米；狭叶香蒲高1.5米以上。

# 冰草　扁穗草　禾本科　冰草属

**Agropyron cristatum**

Crested Wheatgrass　|　bīngcǎo

　　多年生草本，须根稠密，外被沙套；秆疏丛生或密生①，直立或基部节具膝曲；叶鞘紧密裹茎，粗糙或边缘微具短毛；叶舌膜质，顶端截平而微有锯齿；叶质较硬而粗糙，边缘常反卷，叶长4～18厘米，宽2～5毫米；穗状花序较粗壮，小穗紧密水平排列成2行②③，呈篦齿状，含3～7朵小花；颖舟形具脊，被刺毛；外稃舟形，被刺毛②；芒长2～4毫米，内外稃略等长；子房上端有毛。

　　产于呼玛、额尔古纳、根河、牙克石、阿尔山。生于干燥草地、山坡、丘陵以及沙地。

　　冰草叶较硬而粗糙，边缘常反卷，叶舌膜质，顶端截平，小穗紧密水平排列成2行，呈篦齿状。

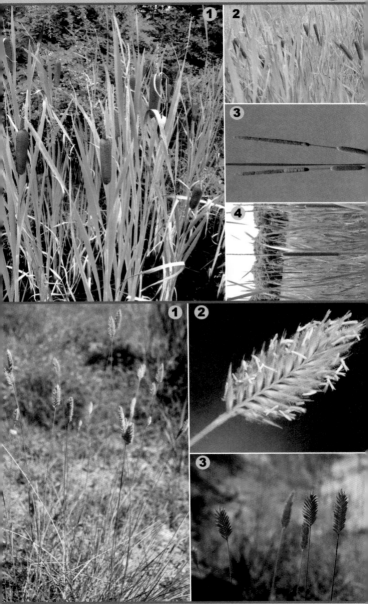

# 狗尾草 谷莠子 禾本科 狗尾草属

*Setaria viridis*

Green Bristlegrass | gǒuwěicǎo

1 2 3 4 5 6 7 8 9 10 11 12

一年生草本；秆较细弱；叶舌由一圈纤毛组成；圆锥花序紧密呈柱状①②；小穗2至数枚成簇生于缩短的分枝上，下部具长刺毛；第一颖长为小穗的1/3；第二颖与小穗等长或稍短；第二外稃有细点状皱纹；颖果长圆形。

产于黑河、额尔古纳、牙克石、科尔沁右翼前旗。生于荒地、路旁、田间。

**相似种：大看麦娘【***Alopecurus pratensis***，禾本科 看麦娘属】**圆锥花序圆柱状③，灰绿色；小穗含一小花，脱节于颖下；颖相等；外稃近基部伸出一芒。产于根河、阿尔山；生于荒地、路旁、田间。

**虎尾草【***Chloris virgata***，禾本科 虎尾草属】**叶舌膜质；穗状花序数枚生于秆顶④；小穗灰白色或黄褐色。大兴安岭地区广泛分布；生于路边。

狗尾草花序圆柱形，小穗下部具长刺毛；大看麦娘花序圆柱状，下部无长刺毛；虎尾草穗状花序数枚生于秆顶。

1 2 3 4 5 6 7 8 9 10 11 12

1 2 3 4 5 6 7 8 9 10 11 12

# 稗 野稗 禾本科 稗属

*Echinochloa crus-galli*

Barnyard Grass | bài

1 2 3 4 5 6 7 8 9 10 11 12

一年生草本；秆斜升；叶片条形，宽5～10毫米；圆锥花序直立或下垂①，呈不规则的塔形，分枝可再有小分枝；小穗密集于穗轴的一侧；长约5毫米，有硬疣毛；颖具3～5脉；第一外稃具5～7脉，有长5～30毫米的芒；第二外稃顶端有小尖头并且粗糙，边缘卷抱内稃。

大兴安岭地区广泛分布。生于湿草地、沼泽地。

**相似种：茵草【***Beckmannia syzigachne***，禾本科 茵草属】**叶舌透明膜质；圆锥花序狭窄；小穗压扁②，倒卵圆形至圆形。大兴安岭地区广泛分布；生于湿地、水沟边及浅的流水中。

稗无叶舌，圆锥花序塔形；茵草叶舌膜质，圆锥花序狭窄，小穗压扁，圆形。

1 2 3 4 5 6 7 8 9 10 11 12

## 小叶章　缮房草　禾本科　拂子茅属

*Calamagrostis angustifolia*

Narrow-leaf Reedgrass ｜ xiǎoyèzhāng

1 2 3 4 5 6 7 8 9 10 11 12

多年生草本，具横走茎；秆直立，平滑无毛，具4～5节；叶舌膜质；叶片常内卷；圆锥花序开展①，分枝细弱，粗糙，斜向上生；小穗狭披针形，绿色或带紫色②；颖几等长，顶端渐尖；基盘毛与外稃等长或稍长。

产于呼玛、黑河、额尔古纳、牙克石、阿尔山。生于湿草地、塔头甸子。

**相似种：拂子茅【*Calamagrostis epigeios*，禾本科　拂子茅属】**叶舌膜质，先端尖或2裂；圆锥花序直立③④，有间断；小穗线状锥形，含1小花，脱节于颖之上。产于漠河、黑河、额尔古纳、牙克石、阿尔山、科尔沁右翼前旗；生于湿草地、林下、林缘。

小叶章圆锥花序分枝细弱，斜生，小穗狭披针形，基盘毛与外稃近等长；拂子茅圆锥花序直立，小穗锥形，基盘毛明显长于外稃。

## 芦苇　禾本科　芦苇属

*Phragmites australis*

Common Reed ｜ lúwěi

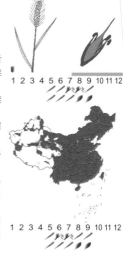

1 2 3 4 5 6 7 8 9 10 11 12

多年生草本；具粗壮匍匐根状茎；茎秆直立，节下常生白粉；叶鞘圆筒形，无毛或有细毛；叶舌有毛，叶片长线形或长披针形，排列成两行；圆锥花序分枝稠密①，斜向伸展，小穗有小花4～7朵；颖有3脉；基盘具长丝状柔毛；内稃脊上粗糙；雄蕊3，花柱分离，顶生。

大兴安岭地区广泛分布。生于池沼、湖泊、沼泽地。

**相似种：草地早熟禾【*Poa pratensis*，禾本科　早熟禾属】**秆丛生，光滑；叶舌膜质；叶片条形，柔软；圆锥花序开展②；小穗含3～5小花；基盘具稠密的白色绵毛。大兴安岭地区广泛分布；生于山坡草地、林缘灌丛。

芦苇茎粗壮，花序分枝粗糙，基盘有丝状柔毛；草地早熟禾茎细弱，花序分枝细，光滑，基盘具稠密的白色绵毛。

## 垂披碱草 老芒麦　禾本科 披碱草属

### *Elymus sibiricus*

Siberian Wildrye ｜ chuípījiǎncǎo

多年生丛生草本，全株粉绿色；秆单生或丛生，直立或基部节膝曲；叶鞘光滑无毛；叶舌膜质；叶片扁平①；穗状花序弯曲而下垂①②，通常每节生2枚小穗；小穗灰绿色或稍带紫色，含4～5小花；颖披针形，具3～5脉；外稃披针形，密生微毛，第一外稃芒稍开展或反曲，长10～20毫米；内稃与外稃几等长；子房上端具毛。

大兴安岭地区广泛分布。生于河边、山坡草地、村庄附近。

**相似种：羊草**【*Leymus chinensis*，禾本科 赖草属】叶片质硬而厚，叶舌纸质；穗状花序较直③，穗轴强壮；小穗含4～10花；颖锥状。产于呼玛、黑河、额尔古纳、鄂伦春旗、阿尔山、科尔沁右翼前旗；生于盐碱地、沙质地、山坡、河边、路旁。

垂披碱草穗状花序弯曲而下垂，外稃具芒；羊草植株灰绿色，穗状花序直立，外稃无芒。

## 乌拉草 靰鞡草　莎草科 薹草属

### *Carex meyeriana*

Meyer Sedge ｜ wūlācǎo

多年生草本；根状茎紧密丛生，有三锐棱，纤细，坚硬，基部具棕黑色呈网状分裂的旧叶鞘和枯死的秆；叶细条形①，革质，边缘外卷，粗糙；小穗2～3，接近；顶生的雄性，圆柱形；侧生的雌性，卵形或卵球形②；苞片鳞片状，无苞鞘；雌花鳞片椭圆披针形，棕色，具狭的白色膜质边缘，顶端钝；果囊椭圆形；小坚果卵倒卵形；花柱长，柱头3。

产于根河、牙克石、阿尔山。生于林下、沼泽。

**相似种：丛薹草**【*Carex caespitosa*，莎草科 薹草属】叶片扁平，粗糙，一般短于秆；小穗3～5，接近，顶生的为雄小穗，条形，其余为雌小穗，卵状圆柱形③；果囊卵状披针形，柱头2。产于黑河、额尔古纳、根河、牙克石、鄂伦春旗、阿尔山、科尔沁右翼前旗；生于沼泽、湿地。

乌拉草叶细条，苞片鳞片状，果囊椭圆形；丛薹草叶扁平，苞片刚毛状，果囊卵状披针形。

# 修氏薹草
瘤囊薹草　莎草科　薹草属

*Carex schmidtii*

Schmidt's Sedge ｜ xiūshìtáicǎo

多年生草本，根状茎密丛生；秆纤细，有3锐棱；叶稀疏，短于秆，边缘外卷；小穗3～5；上部1～3枚为雄性，接近，窄圆柱形；其余为雌性，疏远，圆柱形①；苞片叶状，基部1枚与花序近等长；雌花鳞片披针形，有3条脉；果囊宽倒卵形，密生瘤状小突起，脉不明显，顶端骤缩成短喙；小坚果倒卵圆形，双凸状；花柱长，柱头2。

大兴安岭地区广泛分布。生于沟谷、沼泽地、湿草地。

**相似种：大穗薹草**【*Carex rhynchophysa*，莎草科 薹草属】叶及叶鞘具横隔；花序圆柱形；雌花鳞片披针形，顶端渐尖；果囊密集，水平开展，椭圆形或圆卵形②；小坚果倒卵形。大兴安岭地区广泛分布；生于沼泽地、河边、湖边潮湿地。

修氏薹草秆纤细，苞片与花序近等长，果囊无脉，膨大，形成塔头；大穗薹草秆粗壮，叶及叶鞘具横隔，基部苞片长于花序，果囊具多脉。

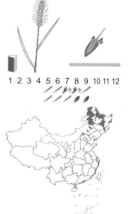

# 尖嘴薹草
莎草科　薹草属

*Carex leiorhyncha*

Sharpbeak Sedge ｜ jiānzuǐtáicǎo

多年生草本，根状茎丛生，全株密生锈色点线；秆丛生，三棱柱形；叶扁平，短于秆；叶鞘腹面具横皱纹，鞘口截形；苞片刚毛状，下部1～2枚叶状，长于小穗，小穗多数，卵形，雄雌顺序；雄花鳞片长圆形，先端渐尖；雌花鳞片淡锈色，卵形①②，具芒尖；果囊卵披针形或矩圆卵形，平凸状，膜质，黄白色，具锈点，两面均具多细脉，具短喙；小坚果近圆形或卵形；花柱长，柱头2。

大兴安岭地区广泛分布。生于草甸、湿草地。

**相似种：假尖嘴薹草**【*Carex laevissima*，莎草科 薹草属】根状茎短，粗壮；穗状花序圆柱形③；苞片鳞片状；果囊膜质，卵状披针形。产于呼玛、黑河、鄂温克旗、扎兰屯、阿尔山；生于草甸、林缘。

尖嘴薹草苞片刚毛状，长于小穗，果囊具紫色小点，叶鞘顶端截形；假尖嘴薹草苞片鳞片状，短于小穗，果囊无紫色小点，叶鞘顶端凸出。

# 东方羊胡子草 莎草科 羊胡子草属

**Eriophorum angustifolium**

Narrowleaf Cottonsedge | dōngfāngyánghúzǐcǎo

多年生草本，根状茎短，具匍匐枝；秆散生，近圆柱形，仅上部稍呈三棱形；叶革质，背面具凸起的中肋，苞片佛焰苞状，1～2枚，基部呈鞘状，质薄，顶端三棱形；长侧枝聚伞花序简单①，具3～10个不等长的辐射枝；小穗花期卵形或椭圆形；鳞片膜质，广披针形；下位刚毛多数，白色；小坚果暗褐色，长倒卵形；柱头3。

产于呼玛、嫩江、黑河、额尔古纳、根河、牙克石、鄂温克旗、阿尔山。生于沼泽地。

**相似种：红毛羊胡子草【Eriophorum russeolum，莎草科 羊胡子草属】**散生，具地下匍匐茎；小穗单一，顶生②；苞片鳞片状；下位刚毛红褐色；小坚果具刺。产于黑河、额尔古纳、根河、牙克石、阿尔山；生于沼泽地。

东方羊胡子草小穗多数，苞片佛焰苞状，刚毛白色；红毛羊胡子草小穗单一，苞片鳞片状，刚毛红褐色。

# 东方藨草 东方镳草 莎草科 藨草属

**Scirpus orientalis**

Oriental Bulrush | dōngfāngbiāocǎo

多年生草本，具短的根状茎；秆粗壮，钝三棱形，平滑；叶鞘疏松，脉间具小横隔；叶片条形①；苞片2～3，叶状；长侧枝聚伞花序多次复出，具多数辐射枝②，数回分枝，粗糙；小穗卵形或披针形，铅灰色，每一个枝顶具1～3个小穗；鳞片宽卵形③，具3脉；下位刚毛6条，与小坚果近等长，具倒刺；雄蕊3；小坚果倒卵形、三棱形；柱头3。

产于黑河、额尔古纳、牙克石、鄂温克旗、阿尔山、科尔沁右翼前旗。生于河边、沼泽地。

东方藨草秆粗壮，长侧枝聚伞花序多次复出，小穗及鳞片铅灰色，下位刚毛与小坚果近等长，具倒刺。

# 中文名索引
## Index to Chinese Names

# 学名（拉丁名）索引
## Index to Scientific Names

# 按科排列的物种列表
# Species Checklist Order by Families

裂瓜 *Schizopepon bryoniifolius*
虎耳草科 Saxifragaceae
　互叶金腰 *Chrysosplenium alternifolium*
　斑点虎耳草 *Saxifraga punctata*
花蔺科 Butomaceae
　花蔺 *Butomus umbellatus*
花葱科 Polemoniaceae
　花葱 *Polemonium chinense*
桦木科 Betulaceae
　水冬瓜赤杨 *Alnus hirsuta*
　东北赤杨 *Alnus mandshurica*
　黑桦 *Betula dahurica*
　岳桦 *Betula ermanii*
　柴桦 *Betula fruticosa*
　扇叶桦 *Betula middendorffii*
　白桦 *Betula platyphylla*
　榛 *Corylus heterophylla*
　毛榛 *Corylus mandshurica*
夹竹桃科 Apocynaceae
　徐长卿 *Cynanchum paniculatum*
金丝桃科 Hypericaceae
　长柱金丝桃 *Hypericum ascyron*
　乌腺金丝桃 *Hypericum attenuatum*
　短柱金丝桃 *Hypericum gebleri*
堇菜科 Violaceae
　鸡腿堇菜 *Viola acuminata*
　球果堇菜 *Viola collina*
　掌叶堇菜 *Viola dactyloides*
　裂叶堇菜 *Viola dissecta*
　兴安堇菜 *Viola gmeliniana*
　东北堇菜 *Viola mandshurica*
　奇异堇菜 *Viola mirabilis*
　蒙古堇菜 *Viola mongolica*
　紫花地丁 *Viola philippica*
　早开堇菜 *Viola prionantha*
　斑叶堇菜 *Viola variegata*
锦葵科 Malvaceae
　苘麻 *Abutilon theophrasti*
　野西瓜苗 *Hibiscus trionum*
　北锦葵 *Malva verticillata*
　紫椴 *Tilia amurensis*
景天科 Crassulaceae
　白八宝 *Hylotelephium pallescens*
　紫八宝 *Hylotelephium purpureum*
　钝叶瓦松 *Orostachys malacophyllus*
　黄花瓦松 *Orostachys spinosus*
　费菜 *Sedum aizoon*
桔梗科 Campanulaceae
　展枝沙参 *Adenophora divaricata*
　狭叶沙参 *Adenophora gmelinii*
　轮叶沙参 *Adenophora tetraphylla*
　聚花风铃草 *Campanula glomerata*
　紫斑风铃草 *Campanula punctata*
　山梗菜 *Lobelia sessilifolia*
　桔梗 *Platycodon grandiflorus*
菊科 Asteraceae
　齿叶蓍 *Achillea acuminata*
　高山蓍 *Achillea alpina*
　亚洲蓍 *Achillea asiatica*
　白山蒿 *Artemisia lagocephala*
　万年蒿 *Artemisia sacrorum*
　萎蒿 *Artemisia selengensis*
　大籽蒿 *Artemisia sieversiana*
　宽叶山蒿 *Artemisia stolonifera*
　山马兰 *Aster lautureanus*
　砂狗娃花 *Aster meyendorffii*
　全叶马兰 *Aster pekinensis*

东风菜 *Aster scaber*
紫菀 *Aster tataricus*
关苍术 *Atractylodes japonica*
狼耙草 *Bidens tripartita*
丝毛飞廉 *Carduus crispus*
楔叶菊 *Chrysanthemum naktongense*
烟管蓟 *Cirsium pendulum*
小蓟 *Cirsium segetum*
大蓟 *Cirsium setosum*
绒背蓟 *Cirsium vlassovianum*
还阳参 *Crepis tectorum*
宽叶蓝刺头 *Echinops davuricus*
林泽兰 *Eupatorium lindleyanum*
线叶菊 *Filifolium sibiricum*
伞花山柳菊 *Hieracium umbellatum*
猫儿菊 *Hypochaeris ciliata*
柳叶旋覆花 *Inula salicina*
毛脉山莴苣 *Lactuca raddeana*
北山莴苣 *Lactuca sibirica*
大丁草 *Leibnitzia anandria*
火绒草 *Leontopodium leontopodioides*
蹄叶橐吾 *Ligularia fischeri*
橐吾 *Ligularia sibirica*
山尖子 *Parasenecio hastatus*
兴安毛连菜 *Picris dahurica*
漏芦 *Rhaponticum uniflorum*
龙江风毛菊 *Saussurea amurensis*
齿叶风毛菊 *Saussurea neoserrata*
球花风毛菊 *Saussurea pulchella*
笔管草 *Scorzonera albicaulis*
鸦葱 *Scorzonera glabra*
东北鸦葱 *Scorzonera mandshurica*
大花千里光 *Senecio ambraceus*
麻叶千里光 *Senecio cannabifolius*
黄菀 *Senecio nemorensis*
伪泥胡菜 *Serratula coronata*
兴安一枝黄花 *Solidago virgaurea* var. *dahurica*
续断菊 *Sonchus asper*
苦苣菜 *Sonchus oleraceus*
兔儿伞 *Syneilesis aconitifolia*
山牛蒡 *Synurus deltoides*
菊蒿 *Tanacetum vulgare*
亚洲蒲公英 *Taraxacum asiaticum*
蒲公英 *Taraxacum mongolicum*
细叶黄鹌菜 *Youngia tenuifolia*
卷柏科 Selaginellaceae
　小卷柏 *Selaginella helvetica*
　卷柏 *Selaginella tamariscina*
壳斗科 Fagaceae
　蒙古栎 *Quercus mongolica*
兰科 Orchidaceae
　布袋兰 *Calypso bulbosa*
　斑花杓兰 *Cypripedium guttatum*
　大花杓兰 *Cypripedium macranthum*
　小斑叶兰 *Goodyera repens*
　手掌参 *Gymnadenia conopsea*
　十字兰 *Habenaria schindleri*
　沼兰 *Malaxis monophyllos*
　二叶兜被兰 *Neottianthe cucullata*
　广布红门兰 *Orchis chusua*
　绶草 *Spiranthes sinensis*
冷蕨科 Cystopteridaceae
　鳞毛羽节蕨 *Gymnocarpium dryopteris*
狸藻科 Lentibulariaceae
　弯距狸藻 *Utricularia vulgaris* subsp. *macrorhiza*
藜芦科 Melanthiaceae
　四叶重楼 *Paris quadrifolia*

北重楼 Paris verticillata
兴安藜芦 Veratrum dahuricum
毛穗藜芦 Veratrum maackii
蓼科 Polygonaceae
耳叶蓼 Bistorta manshuriensis
苦荞麦 Fagopyrum tataricum
卷茎蓼 Fallopia convolvulus
高山蓼 Koenigia alpina
叉分蓼 Koenigia divaricata
两栖蓼 Persicaria amphibia
水蓼 Persicaria hydropiper
酸模叶蓼 Persicaria lapathifolia
桃叶蓼 Persicaria maculosa
扛板归 Persicaria perfoliata
箭叶蓼 Persicaria sagittata var. sieboldii
戟叶蓼 Persicaria thunbergii
萹蓄 Polygonum aviculare
波叶大黄 Rheum rhabarbarum
酸模 Rumex acetosa
毛脉酸模 Rumex gmelinii
列当科 Orobanchaceae
草苁蓉 Boschniakia rossica
小米草 Euphrasia pectinata
疗齿草 Odontites serotina
列当 Orobanche coerulescens
黄花马先蒿 Pedicularis flava
大野苏子马先蒿 Pedicularis grandiflora
拉不erto多马先蒿 Pedicularis labradorica
返顾马先蒿 Pedicularis resupinata
旌节马先蒿 Pedicularis sceptrum-carolinum
轮叶马先蒿 Pedicularis verticillata
松蒿 Phtheirospermum japonicum
阴行草 Siphonostegia chinensis
鳞毛蕨科 Dryopteridaceae
香鳞毛蕨 Dryopteris fragrans
柳叶菜科 Onagraceae
柳兰 Chamerion angustifolium
深山露珠草 Circaea alpina subsp. caulescens
水湿柳叶菜 Epilobium palustre
龙胆科 Gentianaceae
秦艽 Gentiana macrophylla
龙胆 Gentiana scabra
鳞叶龙胆 Gentiana squarrosa
三花龙胆 Gentiana triflora
扁蕾 Gentianopsis barbata
肋柱花 Lomatogonium rotatum
牻牛儿苗科 Geraniaceae
芹叶牻牛儿苗 Erodium cicutarium
突节老鹳草 Geranium krameri
兴安老鹳草 Geranium maximowiczii
鼠掌老鹳草 Geranium sibiricum
灰被老鹳草 Geranium wlassowianum
毛茛科 Ranunculaceae
兴安乌头 Aconitum ambiguum
北乌头 Aconitum kusnezoffii
蔓乌头 Aconitum volubile
红果类叶升麻 Actaea erythrocarpa
北侧金盏 Adonis sibirica
二歧银莲花 Anemone dichotoma
长毛银莲花 Anemone narcissiflora subsp. crinita
大花银莲花 Anemone silvestris
尖萼楼斗菜 Aquilegia oxysepala
小花楼斗菜 Aquilegia parviflora
薄叶驴蹄草 Caltha membranacea
白花驴蹄草 Caltha natans
驴蹄草 Caltha palustris
兴安升麻 Cimicifuga dahurica

单穗升麻 Cimicifuga simplex
林地铁线莲 Clematis brevicaudata
紫花铁线莲 Clematis fusca var. violacea
棉团铁线莲 Clematis hexapetala
长瓣铁线莲 Clematis macropetala
西伯利亚铁线莲 Clematis sibirica
翠雀 Delphinium grandiflorum
东北高翠雀 Delphinium korshinskyanum
蓝堇草 Leptopyrum fumarioides
蒙古白头翁 Pulsatilla ambigua
白头翁 Pulsatilla chinensis
兴安白头翁 Pulsatilla dahurica
掌叶白头翁 Pulsatilla patens subsp. multifida
细叶白头翁 Pulsatilla turczaninovii
茴茴蒜毛茛 Ranunculus chinensis
小叶毛茛 Ranunculus gmelinii
东北大叶毛茛 Ranunculus grandis var. manshuricus
毛茛 Ranunculus japonicus
单叶毛茛 Ranunculus monophyllus
浮毛茛 Ranunculus natans
匍枝毛茛 Ranunculus repens
石龙芮 Ranunculus sceleratus
翼果唐松草 Thalictrum aquilegiifolium var. sibiricum
箭头唐松草 Thalictrum simplex
展枝唐松草 Thalictrum squarrosum
短瓣金莲花 Trollius ledebouri
木樨科 Oleaceae
水曲柳 Fraxinus mandshurica
木贼科 Equisetaceae
问荆 Equisetum arvense
水问荆 Equisetum fluviatile
林问荆 Equisetum sylvaticum
兴安木贼 Equisetum variegatum
千屈菜科 Lythraceae
千屈菜 Lythrum salicaria
荨麻科 Urticaceae
墙草 Parietaria micrantha
狭叶荨麻 Urtica angustifolia
茜草科 Rubiaceae
北方拉拉藤 Galium boreale
兴安拉拉藤 Galium dahuricum
蓬子菜 Galium verum
茜草 Rubia cordifolia
蔷薇科 Rosaceae
龙牙草 Agrimonia pilosa
山杏 Armeniaca sibirica
假升麻 Aruncus sylvester
沼委陵菜 Comarum palustre
全缘栒子 Cotoneaster integerrimus
光叶山楂 Crataegus dahurica
山楂 Crataegus pinnatifida
细叶蚊子草 Filipendula angustiloba
翻白蚊子草 Filipendula intermedia
蚊子草 Filipendula palmata
东方草莓 Fragaria orientalis
水杨梅 Geum aleppicum
山荆子 Malus baccata
稠李 Padus avium
星毛委陵菜 Potentilla acaulis
鹅绒委陵菜 Potentilla anserina
叉叶委陵菜 Potentilla bifurca var. major
委陵菜 Potentilla chinensis
蔓委陵菜 Potentilla flagellaris
莓叶委陵菜 Potentilla fragarioides
金老梅 Potentilla fruticosa
银老梅 Potentilla glabra
石生委陵菜 Potentilla rupestris

白杜 Euonymus maackii
多枝梅花草 Parnassia palustris var. multiseta
无患子科 Sapindaceae
  茶条槭 Acer ginnala
五福花科 Adoxaceae
  五福花 Adoxa moschatellina
  毛接骨木 Sambucus buergeriana
  东北接骨木 Sambucus manshurica
  鸡树条荚蒾 Viburnum opulus subsp. calvescens
五味子科 Schisandraceae
  五味子 Schisandra chinensis
苋科 Amaranthaceae
  轴藜 Axyris amaranthoides
  藜 Chenopodium album
  灰绿藜 Chenopodium glaucum
  大叶藜 Chenopodium hybridum
  地肤 Kochia scoparia
香蒲科 Typhaceae
  矮黑三棱 Sparganium minimum
  小黑三棱 Sparganium simplex
  狭叶香蒲 Typha angustifolia
  宽叶香蒲 Typha latifolia
  短穗香蒲 Typha laxmannii
小檗科 Berberidaceae
  刺叶小檗 Berberis sibirica
小二仙草科 Haloragaceae
  狐尾藻 Myriophyllum verticillatum
旋花科 Convolvulaceae
  宽叶打碗花 Calystegia sepium var. communis
  日本菟丝子 Cuscuta japonica
鸭跖草科 Commelinaceae
  鸭跖草 Commelina communis
亚麻科 Linaceae
  野亚麻 Linum stelleroides
杨柳科 Salicaceae
  钻天柳 Chosenia arbutifolia
  山杨 Populus davidiana
  甜杨 Populus suaveolens

崖柳 Salix floderusii
杞柳 Salix integra
越橘柳 Salix myrtilloides
大黄柳 Salix raddeana
粉枝柳 Salix rorida
卷边柳 Salix siuzevii
罂粟科 Papaveraceae
  白屈菜 Chelidonium majus
  北紫堇 Corydalis sibirica
  齿瓣延胡索 Corydalis turtschaninovii
  野罂粟 Papaver nudicaule
  黑水罂粟 Papaver nudicaule var. aquilegioides f. amurense
榆科 Ulmaceae
  春榆 Ulmus davidiana var. japonica
  大果榆 Ulmus macrocarpa
雨久花科 Pontederiaceae
  雨久花 Monochoria korsakowii
鸢尾科 Iridaceae
  玉蝉花 Iris ensata
  燕子花 Iris laevigata
  溪荪 Iris sanguinea
  单花鸢尾 Iris uniflora
芸香科 Rutaceae
  白鲜 Dictamnus dasycarpus
  黄檗 Phellodendron amurense
泽泻科 Alismataceae
  草泽泻 Alisma gramineum
  泽泻 Alisma orientale
  北泽苔草 Caldesia parnassifolia
  浮叶慈姑 Sagittaria natans
  三裂慈姑 Sagittaria trifolia
紫草科 Boraginaceae
  鹤虱 Lappula myosotis
  东北鹤虱 Lappula redowskii
  草原勿忘草 Myosotis suaveolens
  附地菜 Trigonotis peduncularis

# 后记 Postscript

去大兴安岭进行野外调查，听到当地林业局朋友反映最多的就是大兴安岭地区植物识别方面的实用参考书太少，当时我就答应他们尽快出版这方面的书，本书付梓出版，也算了却我的一桩心愿。

为了保证本书的科学性与实用性，本书所记载的植物学名主要参考《中国植物志》和*Flora of China*，中文名主要参考东北植物检索表。书中所选植物种类均为大兴安岭地区代表性种、经济价值高的种以及常见种等，有较高的参考价值，物种主要形态特征的描述是本人多年教学经验的总结，书中大部分照片是本人多次去大兴安岭地区拍摄所得。

感谢中科院华南植物园邢福武教授的推荐，让我有机会参与本次系列丛书的编写；感谢团队成员焉志远、王洪峰和陶雷在本书编写过程中的辛苦与付出；感谢通化师范学院周繇教授陪同进行野外考察并提供一些精美图片；感谢中科院沈阳生态研究所曹伟研究员和哈尔滨师范大学王臣教授帮助审稿；感谢刘冰博士在植物名录确定和技术方面的帮助；感谢肖翠和刘博博士给予的热情帮助。

由于本人水平有限，书中肯定存在错误和不足之处，恳请读者批评指正！

郑宝江

2021年12月10日

# 图片版权声明